老《おい》猫《ねこ》と歩けば。

斉藤ユカ

幻冬舎

老《お》猫《ねこ》と歩けば。

目次

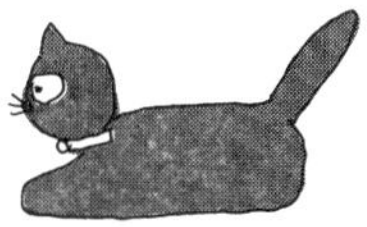

はじめに
老猫のせつなかわいい日常

どんな猫も、年をとる。

そして、猫は、老いてますますかわいい。

子猫時代の無条件のかわいらしさや、成猫時代の猫ゆえの魅力をもってしても、敵わない。すべてを積み重ねてきたのが今なのだから、かわいくないはずがない。

もちろん、老化にともなって生じるあらゆる変化を含めて、だ。

でも、猫が老いていくことを想定した上で飼い始める人は、ほとんどいないのじゃないかと思う。たとえ老化を受け入れる覚悟を持って飼い始めたとしても、いつか介護が必要になるかもしれないことや、少なくない医療費を負担する可能性が出てくることを、具体的に想像できている人はどのくらいいるだろう。

飼い主が大切にすればするほど、猫は長く愛らしく生きて、やがて老いゆく姿を見せる。できないことが増えれば、飼い主が手をかけてやらなければならないし、老化によってからだに不具合が出れば、当然のように医療費もかさむ。飼い主の時間とお金は、まさしく湯水のように流れ出ていく。もう大変、本当に大変。

そのことについて、考えたことはありますか？

私は、まったく。

いざ飼い猫の老化を目の当たりにするまで、猫がどんな風に年をとるのか、そんなことすら考えたことがなかった。まさか猫が尻餅をついたり、ジャンプできなくなったりするなんて思いもしなかったし、老猫がこんなに手がかかるものだったなんて、誰かに教えられた記憶もない。そうやって少しずつ変化していく猫の様子に私はちっとも対応できず、右往左往して、泣きべそかいて、でも大切な家族だからなんとか幸せに暮らしたいと思って孤軍奮闘。だって、ただでさえ残り少ない老猫の命を前にして、悲しんだり困り果てたりするだけの飼い主ではいたくないもの。

本書には、日々老いていく我が家の猫との暮らしを通じて、私が感じたこと、思い至ったことなど、ごく個人的な見解を多く記している。ペットに関する何らかの資格を持っているわけではないから、あくまでも素人考え。獣医師や専門家のように学問や研究に基づいた理論は展開できないけれど、私は、リアルな老猫飼いだ。実際の老猫がどんなものかを皮膚感覚で知っている。飼い主にしか語れないことは、今となってはむしろ多いように思うのだ。

「老猫の情報が足りない！」

私がこの本を書きたいと思ったのは、必要に迫られてのことだった。

我が家の十六歳の猫がさまざまなトラブルを抱え、これまで通りの生活がままならなくなったので、なんとか快適に暮らす方法を見つけたかった。それなのに、広大なインターネットの世界を渡り歩いても、書店のペット関連コーナーを片っ端から漁っても、求める情報は思うように集まらなかった。猫の総合情報サイトや獣医師が書いた本でわかるのは型通りのことばかりで、それは少なくとも私の困った毎日を具体的に助けてくれるものではなかった。知りたかったのは〝粗相をさせないための工夫〟ではなくて、〝粗相をし始めるようになったらどうするか〟ということなのに。だいたい健康で元気な猫を飼っている人が、粗相をさせないための工夫を知りたがったりするのかな。

これが犬となると、話はずいぶん違ってくる。ウェブサイトはもちろんのこと、専門の書籍もたくさんあって、そこには老犬に関するありとあらゆる情報が紹介され、介護の方法も事細かに提案されている。専用の介護グッズだってたくさんある。

思うに、それは老犬が身近な存在だからではないだろうか。

年とともに足腰が弱り、病気を患い、介護が必要となった犬を人間は長い間見てきた。日本で野良犬がほぼいなくなった今、犬は生まれてから死ぬまで、その命が人間との関わりのなかにある。老いていく過程も、老いたあとの生活も、長い歴史のなかで人間が知恵と工夫を重ねて快適化してきた。

猫には、その歴史がない。

というのも、多くの猫が飼い主に看取られて生涯を終えるようになったのは、ごく最近

のことだからだ。

かつて飼い猫は、家と外を自由に行き来して暮らすのが普通だった。動物病院に行く習慣がなかった時代には、病気になったら、あとはなるようになるのを待つだけだった。しかも猫は、自分の死期を悟ると姿を消すとも言われていた。つい数十年前まで、人間の残飯や、ごはんに味噌汁やかつおぶしをかけた猫まんまなるものを食べていたのだから、塩分摂取量も相当なものだったはず。その寿命は、おそらく野良猫（およそ五年と言われている）に匹敵する短さだったに違いない。

でも今、猫の生きる時間は飛躍的に延びた。

外敵に襲われる危険がない室内で暮らし、定期的に混合ワクチンを接種され、何かあればすぐに動物病院へ連れていかれ、栄養満点のキャットフードを与えられている。ああ、至れり尽くせりの飼い猫生活。

そうした過保護な状態が常態化したのは、せいぜいここ二十年ほどのことではないかと思う。ペット飼育に対する人間側の意識もずいぶん変わってきた。インターネット通販が普及したことで、良質なフードや動物用サプリメントなどが手軽に買えるようになったことも、猫が長生きする要因のひとつだろう。

ただ、長生きの代償として、老齢により、柔軟性が失われ、猫らしい行動が取れなくなり、病気になったり、介護が必要になったりと、猫の世界にも高齢化の波が押し寄せてきた。今後、生きるために人間の手を必要とする猫はきっともっと増える。

さぁ大変、老猫時代の到来だ！

でも、意地でも幸せに、楽しく暮らしてやる。言うなればそれが本書の目的だ。

どんな猫も、年をとる。

そのときのために、本書を役立ててもらえたらいいなと思っている。老猫と暮らす人はもちろん、もしあなたの飼い猫がまだ若いなら、実感を持つのは難しいかもしれないけれど、少なくともいざというときに慌てなくて済むように、やがて訪れる老いのことを少しだけ考えてみてほしい。猫の幸せのために、そして何より幸せな飼い主でいるために。

イラストレーション　霜田あゆ美
アートディレクション　山口至剛
デザイン　多菊佑介（山口至剛デザイン室）

第一章
我が家の猫の老化事情

まずは、我が家の老猫、タンゴの現状について。

十六歳という年齢のわりに内臓はすこぶる健康で、毛艶もよくて食欲旺盛。でも悲しいかな、運動能力や感覚器官は加速度的に衰えてきている。事実、一年前にはできていたことが、すっかりできなくなってしまった。かかりつけの獣医さんは「心配するほどではないよ」と言ってくれる。老化の程度には個体差が大きいことも知っている。だけど客観的に同年齢の猫たちと比べると、やっぱりうちのタンゴは老化のスピードが速いみたい。

ただ、老衰の過程を健康な状態で飼い主に見せてくれる猫もまた、滅多にいないのではないかと思うのだ。まるで教科書でも見るように「なるほど、猫ってこうやって年をとるのか」と、タンゴは私に多くを教えてくれる。それでいて日々ああでもないこうでもないと右往左往しているのは、私がまだちゃんと老猫飼いになりきれていないせい。なにしろ老猫との生活は、想像以上にスリリングだからね。

タンゴ

体長:45cm　尻尾:25cm
体重:3.7kg(最盛期は7kg)
肉球:ココア色
1998年生まれ。生後まもなく、東京・銀座で拾われる。寝るときはユカさんの腕を枕にする甘えん坊。好物は、モンプチ ビーフのテリーヌ仕立て(ぬるま湯入り)。

ユカさん

音楽ライター。タンゴと二人暮らし。老猫との幸せな暮らしのため、日々の情報収集を欠かさない。俗に言われるデロデロ系飼い主。好物は、猫とお酒と音楽。

老猫タンゴ、視力に難あり

目がよく見えていないことが発覚したのは、二〇一三年の夏だった。

ある日突然、タンゴがあからさまに粗相をするようになった。それまで、オシッコやウンチがトイレからはみ出すことはあっても、トイレ以外の場所で堂々と排泄することなんてなかったのに。あるときはキッチンの床で、あるときはテレビ台の下で、あるときはリビングのラグマットの上で。トイレを探す様子もなく、尿意や便意を催したら躊躇なくその場でしてしまう。

粗相の時間と場所、そのときの様子を手帳に記すこと一週間。それでも改善する気配は一向に見られず、さすがに心配になった。

頭の中に、いろんな可能性が浮かんだ。

トイレの場所を忘れたのだとしたら、認知症かもしれない。

でも、インターネットで調べた限りでは、猫の認知症罹患《りかん》率は低く、ましてやタンゴの年齢ではまだ発症しないことがほとんどだという。

そうなると、考えられる原因はただひとつ。猫の病気といえば、なんといっても多いのが腎疾患。健康優良児で通してきたタンゴも、そろそろ腎臓を患うお年頃だということなのかもしれないな。

いずれにしろ、早急に原因を突き止めて、粗相をやめさせることが最優先だった。家中の床をトイレ代わりにされちゃかなわないもの。


さっそくかかりつけの獣医さんに診てもらった。

真っ先に血液検査。されど結果は異常なし。腎臓に問題がないどころか全項目が優秀な数値で、先生からのお褒めの言葉までついてきた。

そして問診、触診、そのほかの検査を重ねるも、粗相の原因は一向にわからない。

やがて、先生がこう言った。

「もしかしたら、目が見えていないのじゃないかな」

その言葉を、私は一瞬理解できなかった。これまで一度たりとも猫の目が見えなくなること、それ自体を考えたことがなかったからだ。

タンゴの目の反応を調べてみた。

「ああ、やっぱり原因はこれだね。たぶんほとんど見えていないと思う」

もう私の頭の中は真っ白。この状況を受け止めると危険だと脳が判断して、きっと情報が伝達する関門をぴしゃりと閉じてしまったのだろう。自分が今何を思えばいいのか、さっぱりわからなかった。

だけど悲しかった。ただただ悲しかった。動物眼科専門医を紹介されたことが事の深刻さを物語っているように思えたし、その責任のすべてが自分にあるのだと思わずにはいられなくて、どんどん心が追いつめられていくのを感じた。涙をこらえるのに必死だった。そんななかで、ひとつだけ先生に確認しておきたいことがあった。

タンゴは完全に目が見えないのかな。

せめて、せめて光だけでも。タンゴが真っ暗な世界にいることを想像するだけで、いたたまれない気持ちになる。光だけでも感じられているのならいいのに。でも、いつもの病院では、詳しいことはわからないとのことだった。

その動物眼科は、かかりつけ医からの紹介のみで診察を受け付けるという二次診療専門の病院で、ホームページにも場所や電話番号が載っていない。とても混み合っていて、予約が取れたのは三週間後だった。

その三週間の長かったこと。注意深くタンゴを観察しては「やっぱり見えていないんだろうな」と思って落ち込んだり、かと思えば時には「いや、もしかしたら見えているんじゃないの？」と感じることもあった。インターネットで目が見えない動物の飼い主のブログを探し出し、その体験談を読んでは悲観と楽観を繰り返した。それはもう精神状態グラグラの不安定な日々だった。正直に言うと、懐具合も心配のタネになっていて、もし手術が必要で何十万、いや百万超えの治療費がかかるとしたら私はいったいどうするの!?と、よからぬことばかりを想像してどっぷりと沈み込むのだった。すべては推測に過ぎないから、まったくもって無駄な落ち込みなのだけど、私はいつでもまず最悪のことから考えてしまうタイプなのだ。

そして、いよいよ診察当日。

受付で問診票と一緒に受け取った説明書きに、診察料金の目安が明記してあった。初診

で一連の検査をすると約三万円。再診の場合は約一万円。「スリットランプ検査」とか「倒像鏡眼底検査」とか聞き慣れないものばかりで、それが高いのか安いのかはまったく判断できなかった。もちろん、医療費として一度に支払う金額であると考えれば、少なくとも私にとってはとても高い。でも、数十万円といった途方もない単位ではなかったので、ひとまず胸を撫で下ろした。

診察はとても丁寧だった。どんな検査を何のためにおこなうのか、しっかり説明してもらえたことも安心に繋がった。

目の前のモニターにタンゴの瞳の中が映されて、医師がペンで病変の部分を指した。

「視神経に病変がかかっているのが、わかりますか?」

両目とも同じだった。

「だから非常に見えにくい状態であるとは思います」

見えにくい? ということは、いわゆる盲目の状態ではない?

「光を当てたら、眩しいっていうリアクションをするので、大丈夫でしょう」

ああ、よかった! よかった! ものすごくホッとした。タンゴは少なくとも、真っ暗闇の中で生きているわけではないんだ!

病名は〝中心性網膜変性症〟。

主にタウリン不足が原因でかかる病気なのだという。

猫は体内でタウリンが作れないため、食べ物から摂取する必要がある。キャットフードにタウリン含有量が明記されているのもそのため。

タンゴはこれまで、いわゆるプレミアムフードを食べてきた。飼い猫になった当初こそ、子猫用のフードが存在することすら知らなかった飼い主にスーパーで買った安価な成猫用のドライフードを与えられていたものの、一歳を過ぎる頃には完全にプレミアムフードに切り替えていたから、タウリンはちゃんと摂取できていたはずなのに。

タウリンを吸収しにくい体質なのかな、食べる量が少なかったのかな、ジャンクなおやつを食べすぎたせいかな、と、原因を考え始めるとキリがない。今さら私がどうあがいても、タンゴの目が見えるようにはならないのだ。

ただ、幸いなことに、劇的な改善は望めないものの、タウリンを摂取し続けることで現状維持が可能だという。

ちょっと救われた気持ちになった。少なくとも、現状がはっきりとわかったことでホッとして、力が抜けた。

タンゴの目は、おそらく十二歳ぐらいから少しずつ見えなくなっていたのだと思う。

今振り返ってみれば、それらしきサインはたくさん出ていた。それなのに、私は疑うことなく全部が老化のせいだと思い込んでいた。猫じゃらしを目で追わなくなったのは「こんな子供だましに付き合いきれない」からで、私の足元にちょこんと座って見上げなくなったのは「もはやそこまで飼い主に興味がない」からで、抱き上げたとき目を合わせなくなったのも「集中力の低下とか、きっとそんな感じ」だと思っていた。「老猫って達観しててカッコいい！」なんて口にもしていたのだから、バカな飼い主だな、私。

それに気づかず、あろうことか引っ越しまでしてしまった。本当にバカな飼い主だ。ばかばかばかばか！

新居に着いたタンゴは、口をあんぐり開けてハァハァいいながら（猫のニオイセンサーは上あごにもあって、鼻とは違うニオイを感知できる）壁に沿ってぐるぐる歩き回り、最後には部屋の角にうずくまった。視覚からの情報を得られないぶん、新しい部屋に来たことを情報処理するには時間が必要だったんだろうな。そのストレスを思うと、ホントにごめんねとしか言いようがない、それはもう、心から。

ただ、翌日にはすっかり落ち着いて、我が物顔になっていたのだからビックリする。猫って、すごい生き物だ。バカな飼い主は、思えば猫の高い順応性にずいぶん救われてきた。

今では、タンゴはまるで目が見えているかのように、部屋の中で難なく暮らしている。興奮すれば時に壁に激突したり、後ろ足にスリッパやら私が脱ぎ捨てた服やらを引っかけながら歩いたりもするけれど、とくに不便はないようだ。

動物は、あるがままを受け入れて生きる。目が見えにくいから悲しいとか、生活しにくいとか、そんなことはきっと考えないのだろう。ただ与えられたものの中で最大限に生きる猫を見ていると、人間って（とりわけ自分は）図体ばかりでかくて肝っ玉の小さい生き物だなぁと思うのだ。

タンゴはえらいな。

オシッコとウンチの悲劇

つい先日、家を半日留守にして帰ってきたときのこと。リビングのドアを開けた瞬間、私の鼻孔を不穏なニオイが襲った。

慌てて電気のスイッチをパチッ。

すると、明かりのついた部屋にはいつものようにオムツ姿の黒猫がいて、いつもと変わらない部屋の風景が広がっていた。が、床いっぱいに乾いた泥のような汚れが……。よく見れば、いつになくユルいウンチがオムツのシッポの穴からあふれ出ていた。タンゴはそれを踏み、部屋中を闊歩《かっぽ》しながら塗り広げたに違いない。

う、ウンコカーニバルだっ!?

思考を楽しい方向に切り替えようとするも、壮絶なニオイに小鼻はヒクヒクするし、精神的ダメージもけっこう大きい。

ああ、なかったことにしたい。

が、気が遠くなりそうな自分を奮い立たせ、まずは犯人をお風呂場に隔離（のちに徹底的にシャンプー）、そしてただひたすらに掃除。

おかげで、部屋も猫もピカピカになった。

「いやぁ、もう、それはそれは盛大なウンコカーニバルだったよ！」

数時間後にはそう笑って友達に電話しているのだから、私も老猫飼いとしてずいぶん成長したものだ。


タンゴがはじめてトイレを失敗したのは、忘れもしない、タンゴ十三歳のある日のことだった。なぜ覚えているかというと、私はネコトイレからはみ出したオシッコを拭きながら号泣したからだ。

タンゴは、拾われてうちに来た最初の夜にすぐにトイレを覚え、以来ずっと排泄に関して飼い主を困らせることはなかった。友人宅に預けたり、実家に連れ帰ったときも、トイレの形状や砂の種類が替わろうと何も問題はなかった。

それが十三歳になって、はじめてオシッコを失敗した。

ある日、ふと目を向けると、フード付きトイレの入り口からタンゴのお尻がはみ出していた。今から前足でザクザクと砂を掻き、器用にくるっと反転して、それから用を足すのだろうと思った。いつもそうしているからだ。

でも、その日はいつもとは違った。

ザクザクと砂を掻いたまではよかったが、くるっと反転しないままトイレの外に向かってジョーッ。

いったい何が起こったのか、私は瞬時に理解できなかった。

タンゴが今度は反転して出てきて、自分のオシッコにまみれた砂取りマット（プラスチック製でたくさん突起がついたプレート）の上を歩き、フローリングの床をぺたぺたと歩き始めた時点で、トロい飼い主はようやく現状を把握。

叱っても仕方ないのはわかっていたけれど、「どうしてここにオシッコしちゃったの！」と思わず怒鳴って、そのそばから悔いて、そうしたらなんだか泣けてきた。情けないやら、せつないやら。

思えばこのときが、タンゴの老いをリアルに感じた最初だった。


この頃にはすでに目が見えにくくなっていたはずで、それが粗相の大きな要因のひとつになっていたことは間違いない。でも、それを知るのは実に二年近くもあとのこと。

私がそのとき粗相の解決法として安易にも思い至ったのは、トイレを大きくすることだった。

タンゴが反転できないのはトイレが狭いからだ！

数日後には、ベビーバスぐらいの大きさはあろうかという、ベルギー製の〝メガトレー〟が届いた。おそらく市販されているものの中では最大サイズのネコトイレだ。猫四匹ぐらいは余裕で入るほどの大きさ。タンゴもこれで一安心。と、思ったのもつかの間、やっぱり数回に一回はオシッコやウンチがトイレの外にはみ出ているのだった。

このとき、私はまだ気づいていなかった。

そもそもトイレを大きくしたことが逆効果だったのだ。大容量トイレは深さもそれなり。そのふちをまたぐことが、脚力の弱った老猫には難儀だった。おまけに、ゆうに十リットルは入っていただろう猫砂に足を取られるも

のだから、タンゴはウンチをしながらバランスを崩し、慌てて体勢を立て直そうとして、トイレの枠部分にはめ込まれた砂の飛び散りガードを何度も破壊した。

そんな厄介なトイレに足が向かなくなるのは無理もない。

そして、この頃から、タンゴは用を足した前後に砂を掻くこともしなくなった。オシッコはおろか、ウンチも隠さなくなった。猫がトイレで砂を掻く習性については、どうやら完全には解明されていないらしいのだが、自分のニオイを消すためという説が有力とされている。もともと狩りをする生き物なので、獲物に自分の存在を気づかれないようにするためだとか。また、屋外の猫社会では、ボス猫だけが縄張りを誇示するために排泄物を隠さないのだという説もある。いずれにしろ、タンゴは十年以上飼い猫として暮らし、ようやく自分のニオイを隠す必要がないことを悟ったのかもしれない。と、飼い主は考えることにした。

なお、タンゴのトイレ問題は、十六歳になった今もなお続いている。ちゃんとトイレで用を足すことのほうが圧倒的に少ない。最近では、七時間ぐらいの間隔を空けてトイレに連れていき、タンゴのおなかを軽くさすったり、シッポの付け根をトントンする。すると尿意を思い出すのかな、勢いよくジャーッと出ることが多いのだ。私がその時間を忘れれば、高い確率で粗相されてしまうけれど、それはもう仕方のないこととあきらめている。外出時には、短時間でも念のためにオムツを利用する。ただ、オシッコが出にくいとか、多飲多尿になるとかといった症状は一切なく、血液検査の結果を見る限りでもいまだ腎臓に疾患はない。我が猫ながら大したもんだ。

グルーミングは私の仕事

タンゴはもう自分でグルーミングをしない。

毛繕いは、前足の先っちょを申し訳程度にペロリとするくらいだ。被毛は、短毛ではあるものの、少々長めで柔らかいダブルコート。だから、しばらく放っておくとすぐに毛玉ができてしまう。気づいたときにケアしないと切るしかなくなってしまうので、とくに毛玉ができやすい胸元の毛を数日に一度、私がコームで梳《す》いている。

全体のブラッシングはほぼ毎日、皮膚を刺激する意味もあって、柔らかめのラバーブラシでマッサージするように。

十歳を過ぎてから白い毛が交じってきたけれど、今もって毛艶も毛並みも悪くない。でも、自分で毛繕いをしなくなったので、全体的に脂っぽさや埃っぽさを感じることがある。そんなときは、フローリング掃除用のドライシート（薬品が含まれていないもの）を用意。被毛をやさしく撫でれば、埃も抜け毛も一網打尽だ。知り合いのキャットシッターさんによれば、ブラッシングが嫌いな猫にもフローリングシートは有効で、フケなどもちゃんと取れるのだという。最後にそのシートで床を掃除すれば完璧。それでもまだ脂っぽいと感じるような場合は、市販の猫用シャンプータオルや、レンジでチンしたホットタオルで全身を拭いている。

お風呂の回数は、できれば増やしたくない。

ほかの多くの猫と同じくタンゴも水が苦手で、かつてはシャンプーするたびにこの世の終わりかのごとく鳴き叫んだ。たぶん若干演技が入っていたとは思うけれど。さらにドライヤーに向かって爪が剥がれるほど激しく猫パンチを繰り出すので、いつしか私は濡れそぼった猫を乾かすことをあきらめた。それでタンゴのシャンプーはよっぽどのことがない限り年に一度、自然乾燥しても飼い主の罪悪感が少ない真夏の暑い日限定の行事となった。

老猫になった今では以前ほど抵抗はしないが、それは単に体力がなくなったから。

四肢に力が入らないため、お風呂場の床におなかをぺたんとつけて、まるで〝猫の開き〟のような姿態になってしまう。それでもなお果敢に逃げ出そうとするから、滑ったり転んだりで、どう見ても骨や関節に負担がかかっている。目があまり見えないせいもあるのか、恐怖感はかつてより大きいようで、からだを洗っている途中で失禁するようにもなった。だから、被毛が汚れているからといって、シャンプーのストレスに頻繁にさらすのはかわいそう。若い猫と比べれば、風邪をひくリスクだってきっと高い。それで飼い主は、シャンプーの回数を減らすべく、可能な限り毎日、猫に代わってグルーミングしているのだ。

ちなみに、粗相した上にそのオシッコを踏んでしまうということも日常茶飯事。その際

はタンゴを抱えて洗面台で足先だけ洗うことにしている。除菌フォームで拭いたりするよりもニオイが取れやすい。

タンゴは自分で爪研ぎもしない。

かつては麻を張った丈夫な爪みがきでも一ヶ月ごとに交換しなければならなかったほどなのに、いつしか爪を研ぐバリバリという音が聞こえなくなった。タンゴが見るも無惨な姿にした私の大切なソファだけが、その頃の名残を今に留めている。

ご存知の通り、猫の爪は何層にも重なっていて、爪研ぎをしたり、爪を引っかけて遊んだりすることでいちばん上の角質が抜け殻のように剝がれ、その下の新しい爪が出てくる。以前は部屋中のあちこちに落ちていたタンゴの爪は、今ではほとんど目にすることがなくなった。

おまけに、爪がさやに収まらなくなった。

「上手の猫が爪を隠す」という諺《ことわざ》にもある通り、猫は普段、足先の靭帯によって爪をみごとにしまい込んでいる。ところが老猫になると、犬のように爪が出っぱなしになることが多々あって、フローリングの床を歩くとカツカツと音がするのだ。それをかかりつけの獣医さんに何気なく話して、「そうかぁ、ついに収まらなくなったか」と言われたとき、タンゴがついに老猫認定された気がした。

ただし、新陳代謝がそう盛んではないとはいえ、老猫の爪もちゃんと伸びる。そのまま放っておくと、爪が内側に丸まってきて肉球を傷つける危険もあるので、うちでは一ヶ月に一度は抱きかかえて爪切りをしている。


そうやって老猫は、だいたい自分の面倒を見ない。

目やにを取るのも、耳掃除をするのも、お尻を拭くのも飼い主だ。私はいつでもペット用除菌フォームを左手に、トイレットペーパーを右手に持って、スタンバイしている。時には孫の手代わりにだってなる。

いつからか、からだが硬くなり、後ろ足が思うように上がらなくなったタンゴは、顔や耳が痒くても自分で掻けない。時々、後ろ足を床にバシバシと打ちつける音が聞こえて、そちらを見やると、タンゴが痒いところに足を伸ばしている。が、まったく届いていない。そこで私が痒そうなところに目星をつけて、指先でカリカリしてやると、足を上下に激しく動かしながら気持ちよさそうな顔をする。自分で掻いているつもりなのだ。

そう、私は、痒いところに手が届く飼い主だ。

老猫、ヨボヨボ歩き問題

猫はしなやかだ。動きのすべてが曲線的で優雅、伸びやかで美しい。それはもう、惚れ惚れするほどに。

タンゴもご多分に漏れず、黒猫のイメージをけっして裏切らない、しなやかな猫だった。ソファをジャンプ台にして、二メートル近くある本棚の上に床から駆け上ったり、家具から家具へ飛び移ったりなんて朝飯前。室内に入り込んだ蛾を、ビョンとジャンプして真剣白刃取りのごとく一発で仕留めたこともある。

柔軟性が高くて、活発だった。

でも今では、猫らしいのはそのからだのフォルムだけ。動きだけ見ると、すっかり違う生き物になったみたいだ。

十四歳ぐらいまでは、少なくとも人間のベッドやソファには自力で上がれた。それがほどなくして、ジャンプの失敗が目立つようになっていった。決定的だったのは、ベッドに飛び乗ろうとしてかなわず、尻餅をついたことだ。伸ばした前足の爪がベッドカバーに引っかかり、無情にもカバーごとズルズルと落ちた。しかもそのままベッドの下に滑り込んでしまうというオチもついた。その姿は正直ものすごくかわいくて、おかしみにあふれていて、でも老化という現実を突きつけられたことが、私にはやっぱりとてもせつなかった。

歩き方もずいぶん緩やかになったと思う。前足に対して、後ろ足がワンテンポ遅れて前に出るので、動きがぎこちなく見える。時にハイになって、その歩き方のままス

ピードアップすると、そりゃあもう笑える。

これは老化現象の最たるもののひとつであるらしいのだが、バックすることもできなくなった。後ろに進めないということは、突き当たりにぶつかればからだをUターンさせなければならず、例えば棚の下の狭いスペースにいったん入り込んでしまうと、出てくるのに一苦労。その姿を見てから、うちではデッドスペースに物を置くことをやめた。棚の下も、ベッドの下も、すべての家具の隙間をタンゴが通り抜けられるようにした。

床にあるものは、遠慮なく踏んでいく。猫は本来、障害物を器用によけて歩く生き物なのに、老猫はそんな面倒なことはしない。飼い主がテレビのリモコンを床に放置すればその上を歩いてチャンネルを替え、途上に食事テーブルがあればカリカリ（ドライフード）や水のボウルに足を突っ込むことすら厭《いと》わず、ただただタンゴはまっすぐに進むのだ。なんたる威風堂々ぶり。カッコいい。でも、さすがに水に足を突っ込むと、猫も床もビショ濡れになることがあるので、我が家ではいつしか水を置かなくなった。ゆえに一日に数回、私がうやうやしくタンゴの口元まで水を運んでいる。

実は関節炎のようなものを疑ったことがある。

個体差があるとはいえ、ほかの猫に比べてちょっと老化が早いような気がしたので、何か骨や関節の病気ではないかと思ったのだ。

そこで、かかりつけの病院でレントゲン検査をした。

「後ろ足に力が入らないということは、腰が痛いのかもしれないよ」

獣医さんにそう言われて、ヘルニアなども覚悟したのだが、結果はまるで問題がなかった。

つまり、タンゴがヨタヨタしているのは、単なる老化現象だということ。受け入れるしかない。

ただ、老化の兆しに一度気づくと、あとは文字通り坂道を転げ落ちるように猫は老いていく。人間の四倍から五倍の速さで老いるこ

とを考えれば、それは仕方のないことだ。私の目には「急に動けなくなった」と見えることも、タンゴにしてみればゆっくり進行した老化の結果に過ぎないのだろう。

タンゴはいつからかめっきり四肢の筋力が衰えて、とにかく踏ん張りが利かなくなった。ウンチのとき力むたびに足を踏ん張り直すので、必然的に動きながらの排泄になってしまう。さらに肉球が乾燥してグリップ力が弱くなったため、床やラグの上でスケート初心者のように手足をばたつかせて滑るのだが、そんなときも踏ん張りきれずに最後には結局おなかがぺたんと床につく。

十六歳に近づいた頃には、ごはんを食べるのに夢中になっていると、前足がもつれてしまったり、後ろ足が前方に滑るのをこらえきれず、うっかり尻餅をつくことも増えてきた。これでは介助がないと落ち着いて食事もできない。また、カリカリを上手に食べられなくなってきたこともあって（舌で上手にすくえない）、気づけばタンゴは痩せてしまった。いちばん重いときで七キロもあった体重が、今では四キロ前後。痩せすぎではないけれど、もともとが大柄の猫だったので飼い主としてはなんだか見るに忍びなく、最初から最後までつきっきりでごはんを食べさせるようになった。過保護すぎるかもしれないな、と、自分でも思っている。介助されないと食べられない状態にしてしまったら、私に何かあったときにタンゴの面倒を見てくれるだろう友人たちや、ペットシッターさんに迷惑をかけてしまうかもしれない。とはいえ、せっかく食欲があるのだから、やっぱり満足いくまで食べさせてあげたいと思うのだ。

新たな病気発覚⁉

二〇一四年、七月。

その朝、タンゴの様子がおかしいことに気がついた。

私はフリーライターという職業柄、長年夜型の生活を送ってきて、タンゴと暮らし始めてからも朝のひとり運動会（夕方と朝方、外猫がテリトリーをパトロールする時間帯に、飼い猫はパトロールの代わりに家中を走り回るとされている）を見届けてからベッドに入ることが多い。タンゴは走ったりジャンプしたりできなくなってからも、夜明け近くになるとちょっと活動的になる。この日も同様だった。

でも、歩き方がなんだかおかしかった。上半身の動きにワンテンポ遅れて下半身がついていくのは毎度のことだけれど、下半身がどうも曲がっているように見えた。気になったものの、ほどなくしてタンゴが眠ってしまったので、いつものように左半身を下にしてベッドに寝かせた。すると、枕にしている柔らかいクッションに顔が不自然に沈んでしまう。これはおかしいと思い、右半身を下にして寝かせてみると、今度は頭が浮いてしまって眠るどころではない。つまり、重心が左半身に偏っている。

タンゴが起き出して、ニャアニャアと鳴きながら私のあとをついてきた。その歩き方を見て愕然とした。まっすぐ歩けていないのだ。頭が左へ左へと傾いて、ともすればその場でくるりと回りそうになるのを必死にこらえて歩こうとするから、なんというか、横歩きみたいになってしまう。

脳だ。と、思った。

脳梗塞とか、脳溢血《いっけつ》とか、よくわからないけどそういうもの。それで神経がおかしくなったのだと思った。

脳に問題があるのだとしたら、タンゴは死んじゃうのだろうか……。

まもなく十六歳で、周りの友人知人の飼い猫の中ではもっとも長生きしていて、だから私は自分の中ではちゃんと覚悟ができているものだと思っていた。でも、いざとなると全然ダメだ。頭に浮かぶのは「どうしよう!?」に次ぐ「どうしよう!?」。

脳内で緊急事態宣言が発令された。アドレナリンがどっと出て、心拍数が上がるのが自分でもわかった。冷静に考えることができないなかで、なんとかかかりつけの動物病院に電話をした。

「猫の頭が左に傾いて、まっすぐ歩けないんです」

電話口の看護師さんは「すぐに診ますのでいらしてください」と言っただけだった。

これは一大事かもしれないぞ。

病院まではうちから徒歩十分。タクシーを待つのも自転車を出すのももどかしく、小雨の中をキャリーケースを抱えて小走りで向かった。そして受付に診察券を出すやいなや、診察室から先生が顔を出し「タンゴちゃん、どうぞ」と言った。予約を入れていたとはいえ、ほかに診察待ちの犬が数匹、そこにいたにもかかわらず、だ。

緊急度の高さ、一目瞭然。私は泣きそうだった。いや、吐きそうだった。

「頭が傾いてるって？」

先生は、当たり前だけれど冷静沈着で、タンゴの様子をくまなく診る。

「ああ、これは前庭障害だね」

ぜんていしょうがい!?

「内耳にね、炎症が起きてるんだと思う」

内耳!? 耳なのか。脳じゃないのか。

ひとまず診断を確定させるため、頭部レントゲン撮影と血液検査をおこなった。その結果は、やはり前庭障害だった。厳密には〝突発性前庭疾患〟。とくに犬に多い病気らしいが、先生いわく猫の罹患もままあるのだとか。

「レントゲンで炎症が見えないし、ごく軽度だね」

問題は脳ではなく耳の奥にあって、しかもごく軽度ときた。〝ホッとした〟という言葉を人生で何度使ってきたかわからないけど、このときほど心底ホッとしたことはない。なにしろ薬で治るのだ。

耳に薬を入れてもらって、ステロイド注射をして、一週間の抗生剤服薬で一件落着。

「今週、台風が来るでしょ。タンゴちゃんは三半規管がちょっと弱くなってるから、低気圧で調子が上がらないかもしれないね」

先生、低気圧ぐらい何でもないです！　と、飼い主は思った。私はほんの数十分前まで愛猫の死を覚悟しようとしてできずに、ただオロオロしていたのだ。いくら老猫でも、三半規管が弱くても、低気圧ぐらいでは死なないでしょ。大丈夫、大丈夫！

帰り道は、来たときとはまるで違う道のようだった。足取りも気持ちも軽やかだった。タンゴはその道すがらも、家に帰り着いてからも、病院へ連れていかれたストレスと不満を発散するようにうるさく鳴いていた。でも、ステロイドの注射が効いて、すっかり元気になった。ほんの少しだけまだ左に傾いているように見えたけれど、それもすぐに治った。

タンゴの元通りになった姿を確認した瞬間、私は一気に脱力した。そういえば寝ていないし、食べてもいない。かといって、もう何にもする気がない。

「ニャアニャアじゃないよアンタッ、検査代いくらかかったと思ってるのっ!!」

タンゴにそう言いながらも、私は安堵感で満たされていた。その安堵感には、病気が大したことがなかったことに加えて、もうひとつ理由があった。

血液検査の結果だ。

十七項目、ほぼパーフェクト。数字だけ見れば、一年前に検査したときよりもむしろよくなっているのではないかと思えるほどだった。先生からも、年齢を考えたらとても優秀だと太鼓判を押された。

その検査結果表を改めて眺めながら、私は心から思った。

「ああ、こりゃあ死なないわ」

Dr.鈴木の老猫アドバイス

家猫にはストレスが必要！

文字通りの完全室内飼いは、実のところ僕はお勧めしません。もちろん、自由に外を出歩かせるのがいいと言っているわけではありません。ただ、自律神経のバランスを取るために、定期的に外気に触れさせたほうがいいと考えています。

自律神経に、交感神経と副交感神経があるのはご存知ですね。猫はもともとリラックスする神経＝副交感神経の配分が多い動物です。交感神経は、より活発な活動に作用します。驚いたり、興奮したりするときにはたらく神経です。

猫の生活は、もともととても刺激の多いものでした。食料を得るために狩りをしなければなりませんから、日々緊張の連続です。しかも夜行性の動物なので、暗闇で五感を研ぎ澄ませておく必要もあります。外を出歩けば、ほかの猫のにおいがしますし、人間のあらゆる生活音も聞こえてきます。つまり、交感神経が活発化する時間が長かったのですね。だからこそ副交感神経が強くはたらいて、すぐに興奮を沈める役割を果たしていたわけです。

ところが、完全室内飼いの猫たちには、そうした刺激や興奮がありません。みずから食料を探す必要はなく、外敵もまったく存在しない。日々の生活のなかでドキドキすることはほとんどありません。そんな毎日が続くと、必然的に交感神経の出番がなくなってしまうのです。

しかし、自律神経というのはバラ

ンスを取ろうとします。なんとか交感神経を活発化させようとします。そこで、猫は走り回るのです。一日に数回、家中を走り回って大運動会を繰り広げる猫は案外多いですよね。一日のなかで自律神経のバランスをどう取るべきかを彼らはからだでわかっているので、交感神経が使われていないと自然に気持ちが高ぶり、衝動的に走り出してしまうのです。時に家の中がめちゃめちゃになるほど激しく走り回るのは、交感神経への刺激を一度に満たそうとしてしまうから。そうならないためには、少しずつ刺激を与えることが大切です。

一日に十分ほどでも構わないので、猫を外気に触れさせてあげましょう。外に逃げ出さないようにネットを張るなどすれば、ご家庭のベランダで十分です。直射日光に当てたり、日光浴が必要だというわけではありません。どちらかというと紫外線浴が必要なのです。とにかく、外の空気の中に身を置かせること。すると、屋内にいてずっと遮断されていた太陽のあたたかさ、風が吹き抜ける感触、外の世界のにおい、そしてあらゆる騒音に触れて、猫の五感はフル回転します。そうすることで、一日に使われるべき交感神経がちゃんと使われるのです。結果的に自律神経のバランスが取れるので、急に火がついたように走り出したり、興奮したりということはなくなると思います。

Dr.鈴木の老猫アドバイス

考えてみてください。野良猫はいつも落ち着いていて、悠然と構えているでしょう? 外の世界には刺激がいっぱいで、交感神経がしかるべき刺激を受けるから、外猫は常にフラットな状態を保てるのです。だから、自律神経がらみの病気は、自然環境下ではほとんど発生しないのです。

外気に触れさせるのは、老猫にも有効です。ただし、一般に老いるということは、交感神経が活動しやすくなるということでもあります。肥満の猫も同様なのですが、神経が高ぶっている状態が続いていることが多いので、あまりに外気に触れる時間が長いと、疲れてぐったりしてしまう可能性があって、そうなるとやりすぎです。あくまで様子を見て紫外線浴をおこなってください。毎日、何時頃に何分と、ある程度時間を決めて定期的におこなうのがいいと思います。

以上のことからわかるように、猫にとってストレスは必ずしも悪ではありません。取り除くことだけがいいのではなく、いいストレスと悪いストレスがあるということを理解した上で、バランスを取ってあげることが大切です。

鈴木隆之　1992年日本大学農獣医学部獣医学科卒業。96年ベルヴェット動物病院を開院。子どもの頃からの動物好きが高じて獣医師に。動物とのコミュニケーションを第一とした診療を行う。趣味は犬猫のことならなんでも。とくに今はアジリティに夢中。

第二章

成猫と老猫のはざまで

猫の〝老い〟って何だろう？

市販のキャットフードは、だいたいが七歳からをシニアと設定している。ものの本によれば、七歳ぐらいから老化が現れ始め、十歳にはそれが顕著になるという。でも、現実には七歳や十歳の猫はとても元気だ。老猫飼いの友人たちに話を聞いても、老化を感じ始めたのはせいぜい十二歳ぐらいで、それもごくわずかな変化が見られた程度だという。かくいうタンゴも、年をとったなぁと感じ始めたのは白髪が目立つようになった十二歳ぐらい。とくに被毛が暗い色をしている子は毛色の変化が目立つので、ひとつのバロメーターとしてわかりやすい。一時期は、このままいくと白猫になってしまうのではないかと思ったほど急激に白髪が増えたのだが、ある時期からさほど気にならなくなった。黒猫は、やはり白猫にはなれないらしい。

タンゴのかかりつけの動物病院でも、十二歳から「老猫」として診察するそうだ。

老化のスピードについては、個体差があるので一概には言えない。病気の有無、その病の性質によっても年のとり方は違うし、純血種であればそれぞれに老い方に特性があり、また多頭飼育であるとか、家庭の構成人数であるとか、環境面によっても大きく違いが出る。

ただ、置かれた状況がどうあれ、生き物である以上、猫は必ず老いる。多くの猫に見られるのが、まずは身体的老化。高いところの上り下りができなくなったり、走らなくなったり、動作が緩慢になったり、寝ている時間が長くなったりする。その上で、粗相をしたり、食が細くなったりという内的変化が加わってくる。見た目には、毛艶が失われてバサバサになったり、痩せて背中がゴツゴツしてきたり、爪が出っぱなしになったりというのも老化の特徴だ。暑さ寒さを感知しにくくなるので、飼い主が室温に気を配らなければ熱中症や膀胱炎の危険も高まるし、便秘にだってなりやすい。

ああ、老猫は大変だ。

老猫飼いの人たちに話を聞くと、性質面での興味深い共通項も浮かび上がってきた。老化の要素のひとつとして「今までよりもちょっとワガママになった」と感じている人がとても多かったのだ。

それは、実は論理的に説明ができる。

猫はご存知の通り、知覚に優れた動物だ。ヒゲや耳や鼻、そして肉球など全身を使ってありとあらゆる情報をキャッチしている。寝ているときでも話しかけると耳をピクピク動かしたり、シッポだけパタパタさせて返事をするし、遠くのキッチンで人間用の缶詰をパッカンと開けた瞬間、猫缶と勘違いしてダッシュしてくるし、飼い主が外でよその猫と触れ合って帰ると、すかさず鼻をスンスンさせて浮気チェックを始めることもしばしば。猫はそうやって、五感をフル回転させながら生きている。でも、年をとるということは、感覚器官もまた衰えてくるということだ。

とくに神経質だったり過敏な猫の場合、年をとると次第に周りの出来事に気を取られなくなるので、たたずまいがゆったりと落ち着いてくる。外界に気を取られてばかりで、ろくにごはんも食べられなかった猫が、年とともに食欲旺盛になることもあると聞く。

つまり、自分以外が気にならなくなるから、自分の欲求により素直になるのだ。それが飼

い主から見ると「ちょっとワガママになった」ということになる。

ただし、もともとおっとりしている猫は、そういった意味での老化には気づきにくいかもしれない。

「年のせい」だけで片づけないで！

老化は病気ではない。だから、取り立てて病院に行く必要もない。ただ、飼い主が老化と思っているその状態は、果たして本当に年のせいなのかな。

私は、タンゴがおもちゃで遊ばなくなったことや、粗相をし始めたことや、部屋の模様替えなどちょっとした環境の変化にすぐに適応できなくなったことを、なんの疑いも持たずに年をとったせいだと思っていた。でも、いざ調べてみたら、目がほとんど見えていないことがわかった。もっと早く病院に相談していればと、何度そう思ったことか。でも、もちろん後悔は先に立たず。

だから、愛猫をよく見てほしい。

脚力の低下は、もしかしたら関節痛や腰痛に起因しているかもしれない。粗相をするのは、膀胱や腎臓に問題があるからかもしれない。食が細くなったのは、食べると口内炎が痛むせいかもしれない。呼んでも反応がないのは、耳が遠くなったのではなくて、どこかに病気が潜んでいるからかもしれない。
疑い始めればキリがない。でも、少しでも気になったなら獣医さんに相談してみるのが最善策だ。結果的に何もなければ万々歳。血液検査やら尿検査やらレントゲン撮影やらで医療費はかさむけれど、それは間違いなく飼い主の安心料だと思う。

そして、老猫が気をつけたいのが〝甲状腺機能亢進症《こうじょうせんきのうこうしんしょう》〟。これは、とても元気な状態が続くので病気とは思えないけれど、実は深刻な疾患だ。それを知るには、一般的な血液検査などとは別に〝甲状腺ホルモン検査〟が必要になる。

タンゴはかかりつけの獣医さんの勧めで検査を受けた。結果としては亢進症ではなく、ホルモン値が低い〝甲状腺機能低下症〟で、幸い重篤な状態ではなかったため短期間の投薬で回復した。老猫には低下症も割合よく見られるらしく、身体的機能の低下や人間で言うところの鬱病のような症状が出ることもあるとか。ただし、これは獣医さんいわく、判断がとても難しい。なぜなら、例えばタンゴが思い悩んでいるかどうかは、十六年間ぴったり寄り添ってきた私にさえわかりかねるからだ。でも、病気の芽を早めに摘んでおいたので、とりあえずはよしとする。

さて、問題は〝亢進症〟のほう。とにかく活動的になって、ごはんをたくさん食べて、多飲多尿になって、よく鳴く。そして、どんどん痩せる。代謝が上がるので、高体温になり心臓は常にドキドキ、結果として不整脈が出たりという命の危険もともなうのだという。

それなのに見た目はとても元気だというのが、やっぱりこの病気の落とし穴だ。痩せていくのはあくまでも〝年のせい〟で、そのわりにうちの子は活発だと、飼い主はむしろ好意的に受け止めてしまう。元気だと思えば、当然ながら病院に足は向かない。でも、それは年のせいではなく、明らかな病気なのだ。同じ元気でも、いつもと違う元気なら、やっぱりすぐに獣医さんに相談してみたほうがいいと思う。診てもらって問題が何もなければ、それでいいのだから。

健康診断に行こう

猫は本来、免疫力が非常に強い動物だ。加えて、近年では飼育環境が整っていて、栄養価の高い食事を与えられているので、ますます病気にかかりにくくなっている。だから、病気が発覚するのは、だいたいが免疫力が落ちてくる老齢期に入ってから。しかも症状が表面化する時点で、それはすでに七割がた進行していると言われている。老猫にはすでに余命が残されていない場合もあるので、発覚後すぐに死んでしまうことも少なくないという。

頭では理解できるけれど、でもやっぱり、そんなのイヤだ！

だから、健康診断に行こう。

人間には二種類いる。定期的な健康診断に積極的な人と、そうでない人だ。どうやら、ペットに健康診断を受けさせるかどうかは、飼い主の自分の健康管理についての考え方とほぼリンクしているらしい。

私は一応は年に一度、基本的な検査をして己の健康を確かめている。だからタンゴにも、少なくとも年に一度は受けさせたいと思っているのだが、幸か不幸かうちの老猫は半年〜一年に一度くらいの絶妙なタイミングでからだに不調をきたすので、そのたびに血液検査などを受けて同じく健康を確かめている。

よく耳にするのが、老猫になったら健康診断は半年に一度受けるべきという話。誰が言い出したか知らないけれど、もはや定説となっている観すらある。猫は人間よりも老化のスピードが速いから、単純に一年に一度では足りないということなのかもしれない。でも、そう考えると、半年に一度というのはどうも中途半端だ。猫は人間の約四倍のスピードで年をとると考えられている。つまり、人間の三ヶ月が猫の一年に相当するわけで、人間が年に一度健診を受けるなら、猫は年に四回必要になるということだ。果たしてこれが正解かどうかは、やはり飼い主の考え方次第。

ただ、回数はともかくとして、定期的な健診はちゃんと受けさせたい。繰り返しになるが、症状が表面化したときはすでにその病気が七割がた進行した状態。だからこそ、病気の早期発見のためにも健診が必要なのだ。

検査しておくべきは、まずはオシッコと歯（お口の中）。猫の死因はダントツで腎不全なので、現在の腎臓の状態を確認するためにオシッコを、将来的に腎機能を守るためにお口の中を（歯周病が原因の腎疾患も多い）しっかり診てもらおう。

さらに、可能であれば血液検査も。タンゴのかかりつけの獣医さんは、必要に応じて血液の検査項目の数を増やしたり、減らしたりする。年に一度の健診なら全項目を調べるのがベストだろうけれど、それ以外のときは診察の段階で獣医さんに確認してみるのがいいと思う。当然、料金が違ってくるし、その検査項目が本当に必要なのかどうか、また、飼い主が気になっていることを調べてもらうにはどの項目を検査すればいいのか、知っておくに越したことはない。つまり、飼い主にも多少の勉強が必要。

ただし、猫の血液検査の結果は、必ずしも正確ではないのだという。というのも、猫にはいわゆる〝病院ストレス〟があって、診察台に乗るだけで数値を大きく揺るがしてしまうほどの負担がかかることが少なくない。とくに血糖値は簡単に上がってしまうので、正確に測ることは難しいとされている。飼い主がどんなに健診を受けさせたくても、猫が徹底的にイヤがるのであれば本末転倒だ。健診のメリットとストレスによるデメリットを天秤にかけた上で、うまく病院と付き合っていくのが理想的なのかも。

タンゴは昔から、病院に限らず外出時には大騒ぎする。道で行き交う人のほぼ全員が、私が手にするキャリーケースを見やるほどの大絶叫に次ぐ大絶叫。老猫になった今でこそだいぶ大人しくはなったものの、けっこうな確率で道すがらキャリーケースの中でウンチをしてしまうので、やはり大きなストレスがかかっているのだろう。だから、できるだけ病院には連れて行きたくない。その代わり、具合が悪いときは様子見をせずにすぐに駆け込むことにしていて、そのついでに普段気になっていることを獣医さんに全部尋ねてくるのだ。

実は、ワクチンも七歳ぐらいから接種していない。

以前かかっていた病院でワクチン接種を受けたとき、注射をした足がひどく腫れたことがあった。触ると痛がるし、いつでもどこでも快食のタンゴがまったく食べないという状況に、生きた心地がしなかった。もちろんす

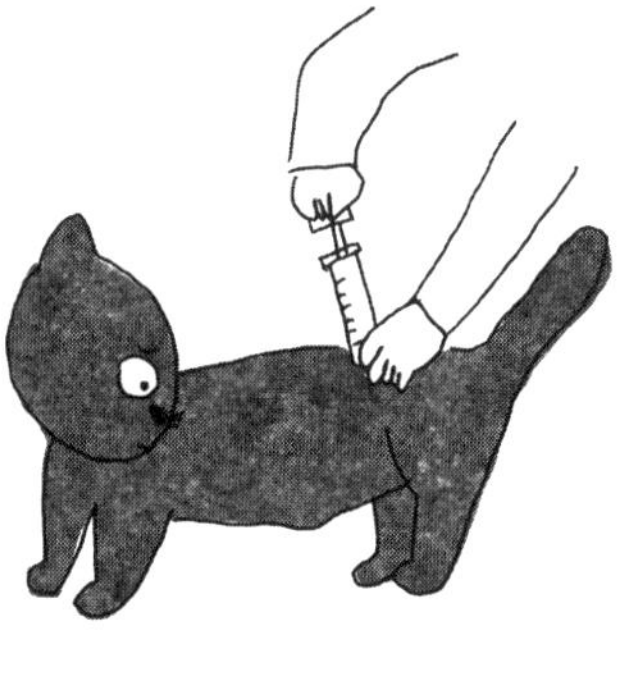

ぐに病院へ行ったものの、痛み止めをまたしても注射。もちろん、そのぶんの料金も支払った。結果的にずいぶん高いワクチンになってしまった。

それに、ワクチンは毎年タンゴから元気を奪ってしまう。ワクチンの仕組みはわかっている。異物がからだに入ることで、白血球が総動員で闘いに挑むので、熱が出て体調不良に。そのプロセスを経て、やっと抗体ができるのだ。でも、数日間もぐったりした状態が続くのは、あまりにもかわいそうだった。だから、私は独断でワクチン接種をやめた。

ワクチンにはさまざまな考え方がある。家の中だけで飼っているとしても、飼い主が外からウィルスを持ち込むので必要だとか、副作用が強すぎるので不必要だとか、世の中は実に多くのワクチン考であふれている。でも、最終的には、飼い主の判断がすべてだ。タンゴの場合は、私の判断で十年近く接種せずに過ごしてきて、今はかかりつけの獣医さんに現状では必要ないだろうという見解を示してもらっているため、安心してノー・ワクチン生活を送っている。

本の通りでなくていい。獣医師や、専門家の言うことを鵜呑みにする必要もない。愛猫にとって何が最良なのか、それを考えて答えを出すのはほかの誰でもない、飼い主の役目だ。病院ストレスがあまりに強い猫なら、頻繁に健診に通う必要はないかもしれないし、ワクチンだって接種しないほうがいいかもしれない。何事も杓子定規に考えず、猫にとって何が必要かを見極めるのが先決だと思う。

それでも、やはり健康診断は受けたほうがいいんじゃないかな。大絶叫して大暴れする老猫を抱えて病院へ行くのは骨が折れるけれど、せめて一年に一度以上はかかりつけの獣医さんに健康チェックをしてもらうことをおすすめする。そのついでに、例えばワクチンを接種したり、レントゲンを撮ってもらったり、普段気になることを解決してしまえばいい。

そう、病院に一度行ったら、ついでの用をすべて済ませる。飼い主のこの心意気が、きっと老猫の負担を軽減させるはずだ。

アンチエイジングは可能？

残念ながら、猫の老化は止めることができないというのが大方の意見だ。ジャンプできなくなった高さに、また上れるようになる日は来ないし、鈍くなった感覚はもう元には戻らない。

ああ！　悲しき老猫には、あとはただただ下降線をたどっていくしか道はないのか。と、悲観してみるも、やっぱりあきらめきれないのが人の性《さが》。急勾配を緩やかな下り坂に変えることぐらいはできるんじゃないのと、楽観的に考えてみることにした。

これは完全なる素人考えだけれど、猫も人間も健やかに生きるために大切なのは、おいしい食事と適度な運動と心の潤いだと思う。栄養のバランスの取れた食事を必要なカロリー分摂って、筋肉を動かして血行を促し、コミュニケーションによって心を揺さぶる（徹底的にかわいがって愛情を伝える）。少しずつ老化が進むのは自然の摂理だから仕方がないとしても、そこに寄り添い、幸せに暮らすことは可能なはずだ。

事実、タンゴのかかりつけの獣医さんによれば、猫と飼い主、双方向のコミュニケーションが成立していれば、認知症すら恐れるに足りないという。猫の認知症は発症数がずいぶん少ないらしいけれど、何をもってして〝認知〟とするか、それ自体も飼い主側の主観によるところが大きい。

例えば今、タンゴは目がほとんど見えず、最近では耳も遠く、時々わけもなく大声で叫び、無駄に家中をウロウロしていることも多く、ごはんを上手に食べられなくなって、粗相も頻繁だ。見る人が見れば、これは明らかに周囲を〝認知〟していないから、認知症だと思うかもしれない。でも、タンゴは私を〝認知〟している。かすかに見える動きで、遠く近く聞こえる声で、においと手の感触で、抱き上げたときの胸のあたたかさで私のことを認知してゴロゴロと喉を鳴らし、みずからも要求を伝えてくる。これはつまり認知症ではないですよね？　という話だ。

もっとも、タンゴは認知症と診断されたことはない。だから、実際の認知症の症状がどれほどのものか私にはわからないし、個体差もあるだろうから滅多なことは言えないのだけれど、少なくとも猫を認知症とするかどうかは、あくまでも飼い主の受け取り方次第。それでもやはり猫が飼い主を認知しているように感じられず、その症状に困り果てているのだとしたら、すぐにでも獣医さんに相談したほうがいい。数は少ないながら猫専門の獣医さんも存在するので、自分が納得するまで

診断をあおぐのも悪くない。

猫は、当たり前だけれど着実に年をとる。現にタンゴは、一年前には自分でごはんを平らげることができたのに、今は私がお皿を手に持って口元に近づけてやったり、食べやすいように傾けてあげたりしないと、きれいに食べきることができなくなった。人間にとっては一年でも、猫時間に換算すれば四年だから、老いのスピードとしては特別速いわけでもないのだろう。そうして介助することを苦労と思えば、そして悲しめば、今度は飼い主である私がきっと老け込んでしまう（そんなのイヤだ！）。

老化に抗うことはできないけれど、でも、寄り添うことはできる。それを楽しむこともできる。だからこそアンチエイジングよりウィズエイジングの考え方が、老猫と幸せに生きていくコツだと思うのだ。

Dr.鈴木の老猫アドバイス

毎年のワクチン、どうする？

ウィルスは、実はワクチンを打っていても体内に侵入します。ただ、たとえ侵入されたとしても、ウィルス感染を成立させないために、つまり病気のもとを作り出さないようにワクチンがはたらくのです。

家から出ない猫であれば、ワクチンは原則必要ないとは思います。

でも、病院の待ち合い室や、処置や入院におけるどこかのタイミングで、クリーンではない状況にさらされることがあるかもしれない。

僕の病院では未接種の子たちのために隔離室を用意していますが、猫をお預かりした際に、万が一ほかの子と接触しないとも限らない。そこで問題が生じる場合に備えて、できるだけ接種をお願いしているというのが現状です。

多くの場合は、ワクチン接種をしておいたほうが安心ではないでしょうか。

ただし、免疫に絡む疾患がある猫はその限りではありません。

猫はもともと自己免疫がとても強い動物ですが、外に出ない子たちはストレス不足で交感神経への刺激が足りません。その結果として副交感神経の支配が強くなるため、免疫が過剰になってトラブルを抱えがちなのです。

ワクチンという異物が侵入することによって、からだは抗体を作ろうとします。その段階で発熱などの反応が出てくるのですが、免疫過剰の飼い猫はそうした副作用が強く出てしまう場合が多いのです。

事実、外で暮らす猫にワクチンを打っても、ほとんど反応はありません。彼らは常に刺激を受けて交感神経を活発化させていますから、ちょっとやそっと異物が入ってきてもびくともしないのですね。

タンゴちゃんがかつてワクチンを注射した箇所が腫れたり、極端に具合が悪くなったりしたのも、免疫が過剰なせいです。

しかも現在は、中心性網膜変性症という疾患を抱えていて、視界がはっきりしていない。最近では耳も遠くなってきたとのことですから、彼にはこれ以上ストレスのかけようがないのです。

おそらく、極端に副交感神経寄りの体質になっているはずです。そうなると、ワクチンの副作用が長引く可能性も大いに考えられるので、接種はしばらくお休みしてかまわないでしょう。

ただ、免疫に関わる疾患がなければ、老猫であってもワクチン接種には問題はありません。

とくに元気な子だと病院に行く機会がなかなかないでしょうから、ワクチンを接種しがてら健康診断を受けるというのも、ひとつのきっかけになるのでいいかもしれませんね。

ひとくちにワクチンといっても、その種類はさまざまです。

獣医師それぞれに効果や副作用の程度についての印象が違う場合もあるので、どんなワクチンを使うかは、

Dr.鈴木の老猫アドバイス

かかりつけの獣医さんの裁量によるところが大きいでしょう。

もちろん、効果には個体差がありますし、ワクチン接種自体にも、やはり賛否両論があります。

飼育環境、体質、病気の有無などを考慮して、獣医さんとよく相談された上で接種するかどうかを決めるのがいいと思います。

いずれにしても、すべては飼い主さんの考え方次第です。

第三章

老猫 困ったときマニュアル

トイレの困った！ 解決編

老猫用トイレ。

そんな名詞はついぞ聞いたことがない。

子猫用トイレはさまざまなメーカーから発売されているのに、老猫用トイレはなぜかどこにも売っていない。それはおそらく、老いた猫の多くが遅かれ早かれトイレに困ることを、まだ世間が認知していないからだ。老猫の飼い主としてはいささか腹立たしくもある。でも、どこかの親切なペット用品メーカーが作ってくれるのを悠長に待っているわけにはいかない。猫は一年で人間の四年分年をとる。待ったなしだ。

とくに腎機能が衰えることの多い老齢期には、いかに快適にオシッコするかが健康管理上とても重要だ。また、猫はトイレそのものが気に入らなかったり、トイレが寒い場所にあったりするとオシッコを我慢することがあるので、膀胱炎などにかかる危険性もある。老いゆく猫のために、トイレ環境はできるだけ早いうちに整えてあげたい。

高さを調整する

トイレのふちをまたぐときに後ろ足を引っかけてしまったり、いかにも「よっこらしょ」という様子が見られたら、それが老猫用トイレにシフトするタイミング。まずはトイレに難なく入れるような工夫が必要だ。老猫が軽くまたげる高さのトイレはほとんど市販されていないので、今のところはトイレへの踏み台を作るのがいちばん手っ取り早い方法だと思う。

我が家では、検討に検討を重ねて、市販されているものの中ではもっとも浅いトイレのひとつだろう〝デオトイレ〟（ユニチャームのシステムトイレ）のフードを外して使っている。専用の砂を入れても軽いため、床に置いてもすぐに定位置からズレてしまうのが難点だが、そこは目をつぶらないと使えるトイ

レがなくなるので、踏み台をズレ防止のストッパー代わりにすることにした。本やCDを買ったときのAmazonの小さいサイズのダンボール箱（約32×26×5センチ）に雑誌を詰め込んで、ビニール袋でぴっちりと包み、さらにペットシーツでくるんだものを踏み台としてトイレの両脇に置いている。ビニールで包むことで、たとえオシッコが漏れても箱や雑誌に染み込む心配がない。ペットシーツが汚れたら、そこだけ交換すればいいのもラクチンだ。

もちろん、雑誌だけ束ねてビニールをかぶせるもよし、レンガやブロックや木材で作るもよし。ポイントはやっぱり、ペットシーツをかぶせること。床や家具などにオシッコがついてしまうと消臭除菌に追われるし、とくに粗相し始めの頃は飼い主の精神的ダメージ（愛猫の老いを目の当たりにしても、そう簡単に受け入れることができない）が思うよりずっと大きいので、後始末がラクであることがもっとも重要だ。

猫砂とペットシーツ

タンゴは現在のトイレに落ち着くまでの数ヶ月間、ペットシーツだけのトイレを使っていたことがある。それまで猫砂を入れて使っていたトイレとその周りに、ペットシーツを敷き詰めただけの簡単なものだ。でも、猫から猫砂を奪うのは、私としてもそれ相応の勇気がいった。

トイレを切り替えたのは、衛生上の理由からだ。

タンゴはいつからか用を足した前後に砂を掻かなくなった。その時点では私は気づいていなかったのだが、目がよく見えていなかったせいもあったのだろう、オシッコをしたばかりの砂の上に足を突っ込んでしまうことが多々あった。私が家にいるときならまだいいのだけれど、留守中にそれをやられてしまうと、あとから掃除するのが本当に大変。家中の床に乾いた泥のような肉球スタンプが広がり、タンゴの足にはすっかり固まった砂が指の間にまでびっしり。〝エバークリーン〟というアメリカ製の、それはそれはよく固まる砂を使っていたことも仇になった。

それで思い立ってペットシーツだけのトイレに替えたのだが、これが果たして大失敗だった。視力に頼れないタンゴは、砂を踏む音と感触でトイレを認識していたのに、私はそれを奪ってしまったのだ。そりゃあ粗相も増えるというもの。

その後、〝中心性網膜変性症〟との診断を受けて、もちろん即座に砂のトイレに戻した。といっても、かつてと同じ砂に戻してしまっては元の木阿弥。あらゆる猫砂の利点を調べた結果、最終的にシステムトイレにたどり着いたのだった。

いわゆるスノコトイレ（ボウルとザルが重なったような形態）の最下部に専用の吸

収シートを敷き、スノコの上には同じく専用の砂（小石ぐらいの大きさのものや、ペレット状のもの）をざらざらと入れる。オシッコがその砂を通過して、下のシートに吸収されるという仕組みだ。ウンチは排泄直後はさすがに臭うものの、留守をして帰ってくるとトイレの中ですっかり乾いている。

さて、問題はペットシーツだ。

実家で犬を飼っていたので、それなりにどんな商品かはわかっていたつもりなのだけど、猫のトイレに使うとなるとちょっと事情が違ってくる。

なにしろ、猫のオシッコはくさい。そのニオイを閉じ込めることが、ペットシーツに求める最大の機能になる。

タンゴのトイレをペットシーツに切り替えたとき、さまざまな商品を試してみた。ポリマーがたっぷり入った吸収力抜群のもの、高い消臭効果を謳っているもの、薄手のものや厚手のもの、さらに値段の安いものから高いものまで。猫のオシッコの強烈なニオイと勝負できるペットシーツなど存在するのか、実験のような毎日が続いた。

結果、猫のオシッコ臭、余裕で全勝。

あのニオイにかなう商品は限りなくゼロだった。

こうなったらペットシーツじゃなくて、ドッグシーツって名前にすればいいんじゃないの？と皮肉のひとつも言いたくなるほど、どれも消臭力が物足りなかった。

「あ、今タンゴがオシッコした！」

隣の部屋にいても、すぐさま気づくレベルだった。

パッケージに、犬と一緒に猫の絵が描かれた商品もあるので、メーカーではもちろん猫のオシッコも想定した上で商品開発をしているのだろう。ただ、消臭効果の高い猫砂との比較はしていないのじゃないかと思う。少なくとも、うちで使っていた猫砂と同じ消臭効果をペットシーツに求めることには無理があった。

吸収力の高さを売りにしているペットシーツは、オシッコ数回分を吸収できるから経済的だと

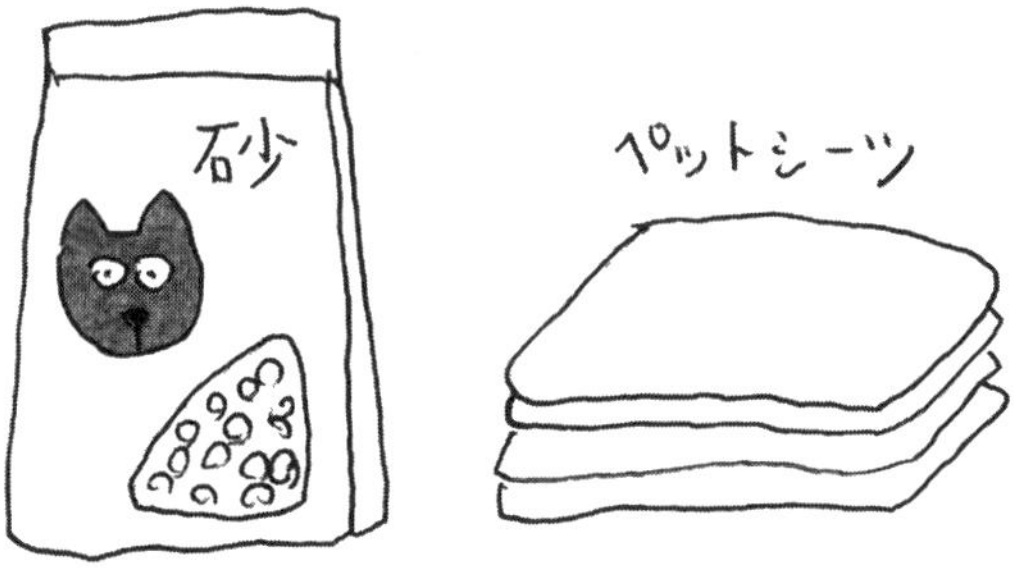

アピールしている。でも、猫のオシッコの場合はその時々で交換しないとニオイが広がってしまうので、一枚あたりの値段が高いシーツはとても不経済だ。二枚三枚またいでオシッコされた日には、飼い主は思わず青ざめてしまう。

もちろん、ニオイの感じ方は人それぞれなので気にならない人もいるだろうし、常に家にいる飼い主なら清潔を保てるので、ペットシーツを敷いただけのトイレでも問題ないかもしれない。

ただ、ペットシーツは主に猫用として作られてはいない、それだけは覚えておきたい。我が家のように補助的に使うなら、安いもので十分。ちょっとでも汚れたらすぐに取り替えられるし、床で粗相してしまったときの雑巾代わりにも惜しみなく使えるので、ストックしておけば何かと便利だ。

でも、とくに問題のない猫なら、トイレにはやはり使い慣れた猫砂を使うのがいちばんだろう。

周りにペットシーツを敷いておけば、オシッコがはみ出しても慌てずに済む。さらに念には念を入れて、その下に防水シートを敷けば安心だ。うちでは百円ショップで売っている防水レジャーシートを利用している。同じく百円ショップで買ったシリコンマットを床との間に挟んでいるので、ほとんどズレることもない。ペット用品として売られている防水シートは薄くてズレにくいため使いやすくはあるのだが、これもどちらかというと犬向きのようで、タンゴのオシッコが一度ついた場所は洗剤で拭き取ってもニオイが残ってしまい、結局捨てる羽目になった。

ペット用品は、ほかの用途で売られている同程度の商品に比べるとやはり値が張る。何でもペット専用である必要はない。代替品のアイデアが浮かんだら、どんどん試したい。

トイレの場所を考える

からだの自由が利かなくなってくると、猫は自然に行動範囲を狭めていく。家中走り回っていたのが、気づけば寝ている時間が長くなり、動作もゆったりとしてくる。だからトイレは、できるだけ普段過ごしている部屋か、あるいはその近くに設置してあげたい。トイレが遠いとオシッコを我慢してしまう場合もあるし、尿意や便意を催してからだと間に合わない可能性もある。猫という生き物は独立心が強くてプライドが高いと言われているので、途中で漏らすようなことがあると、人知れず心が傷ついてしまうかもしれない。

これから先、老猫が今よりアクティブになることはない。悲しいけれど、それが現実だ。だから先を見越して、あまり動けなくなったときにも猫がラクに排泄できるように、トイレ環境を今のうちに整えておきたい。

　飼い主が留守がちなら、サークルやケージを用意して、その中にトイレとベッド、食事台などを設置するのはどうだろう。猫がイヤがらなければ、というのが大前提だけれど、そこでお留守番することに慣れてもらうのだ。そうすれば、粗相をしても汚れを部屋中に広げなくて済むし、具合が悪くなって動けないときにも、自力で排泄できればそのぶんのストレスが軽減できる。

　また、猫がサークルやケージに慣れていれば、飼い主の事情で引っ越しをしなければならなくなっても、新居で難なく同じ環境を作ることができる。近い将来、生活環境が変わる予定がある家ならばなおさらのこと、そのとき老いた愛猫がパ

ニックに陥らないよう考えておきたい。

我が家では、タンゴの目の病気が発覚したタイミングで、トイレをリビングに大移動させた。

寝る場所と食べる場所とトイレが、今はつまり同じ部屋にある。そう遠くない将来、行動範囲がより狭くなることを想定してのことだ。

トイレは、壁一面をほとんど使って、左右どちらからでも通り抜けられるように設置してある。タンゴはいつからかバックすることができなくなり、からだを反転させるのも難儀なので、障害物に一切当たらない仕様にした。部屋の角にトイレを置いていたこれまでよりも、見たところストレスはないようだ。

結果的に粗相してしまったとしても、尿意や便意を催すとハイになってそこを通り抜けるので、老猫なりにトイレの場所はちゃんと認識できているのだと思う。

打倒！　オシッコのニオイ

猫のオシッコはくさい。

さすがに十六年も飼っていれば慣れたもの。とはいえ、私はいまだにそれが殺人的なニオイだと思っている。ちょっとした兵器だ。ウンチなんて目じゃない。

それゆえ多くの飼い主は猫砂ジプシーとなり、あっちの砂からこっちの砂へ、ニオイの悩みが解消されるまで次々と試し続けるのだ。

そこまでして抑え込もうと必死になっているそのニオイが、老猫の粗相によって家中のいたるところにまき散らされる可能性があるのだから、さぁ大変。

しかし、猫に「ヘンなところでオシッコしないで〜、お願い〜！」と懇願したところで聞き入れてもらえないのは目に見えている。

となると、有効な手段はただひとつ。

粗相をしたらすぐさま掃除。それだけだ。

世の中には、あまたの洗剤や消臭剤が存在している。

猫のオシッコ臭に特化した消臭剤があれば、天然由来のものや、テレビショッピングで万能と謳われている高価なものもある。これはもう、手当たり次第に使ってみて、自分の家に合うものを選ぶしかない。

無責任なようだけれど、この商品がイイ！とは一概に言えないのだ。

なぜなら、ニオイの感覚は人それぞれで、猫のオシッコも一様にくさいとはいえ、食べているものが違えば必然的に個体差があり、床の材質も家によってさまざま。有効な商品は、使う人と環境によって違うと考えたほうがいい。

私もご多分に漏れず、洗剤や消臭剤をさんざんジプシーして散財してきた。でも、どれも一長一短。最終的にたどり着いたのは、実にスタンダードな掃除法だった。

タンゴがトイレ以外の場所でオシッコをしたら、まずペットシーツで水分を吸収し、霧吹きで水をスプレーしてトイレットペーパーで拭き取り、次に〝かんたんマイペット〟を吹きかけてトイレットペーパーで拭き取り、仕上げにフローリング用の除菌シートで拭くというのがお決まりだ。

不思議と、この工程のどれが抜けてもニオ

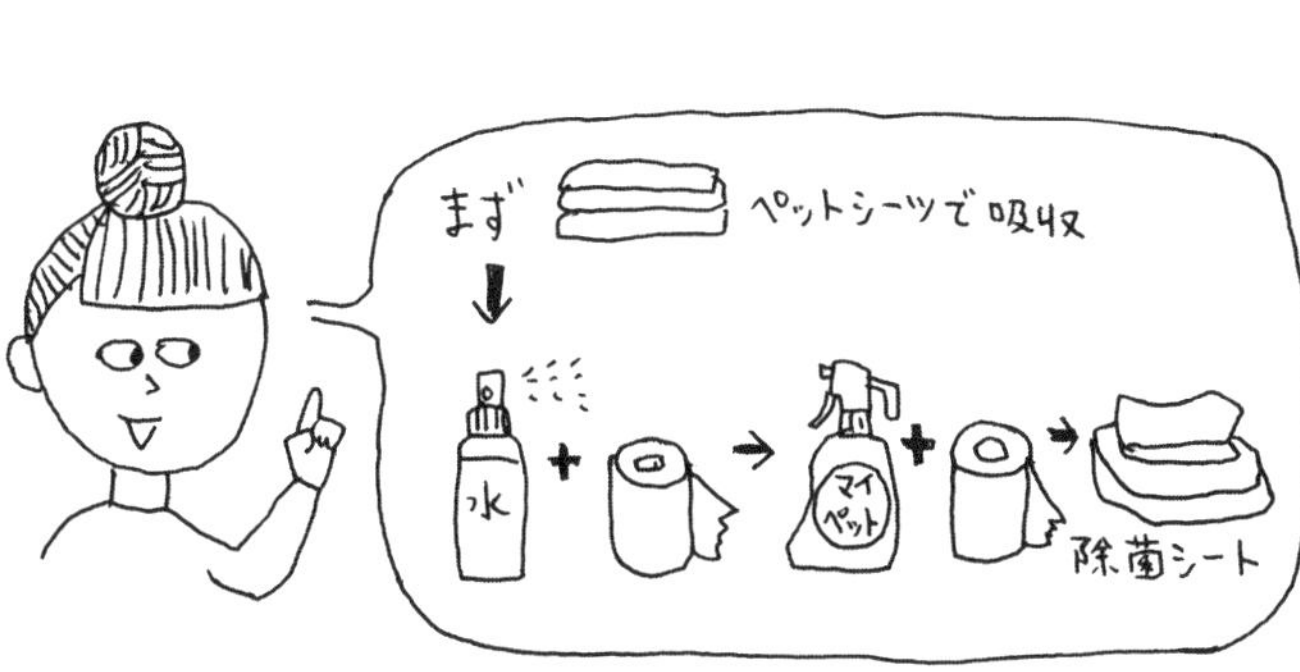

イがしつこく残る。
留守中に粗相されて、臭気が部屋にこもってしまった場合には、掃除をした上でとにかく換気。そして消臭スプレー。ペット用のものがなくなると、人間用トイレの消臭スプレーで代用することもある。かつてはいい香りのルームスプレーやお香、アロマキャンドルなどに頼っていたこともあるのだけれど、猫の肝臓では精油の毒性を解毒できないという話を聞きかじってからは、さすがに使用をやめた。インターネットで調べてみると、これにも多様な説があり、いろんな人がいろんなことを言っている。こういうのがホントにいちばん困る。ただ、実際の研究データが少なく、はっきりした答えがないというのが現状のようなので、うちではとにかく一切使わないことにした。家にいるのがヨボヨボの老猫なだけに、どんなに小さな不安要素でも可能な限り取り除いておきたいのだ。

なお、オシッコを掃除するとき、フローリングの板と板の間の溝をしっかり拭き取ることをお忘れなく。洗剤を吹きかけ、シートやティッシュの上から爪を立てたり、爪楊枝を使ったりして、とにかくきれいにすることが大事だ。溝にオシッコが残ったままだとニオイがいつまでも消えないので、とくに賃貸住宅では気をつけたい。

猫を飼ったことのない人は、猫がくさいと思っている。

ペット禁止の賃貸住宅のオーナーは、猫がくさいと思っている。

知り合いの不動産屋さんからも、猫を飼っていた人が退去したあとの部屋がくさくてかなわなかったと聞いたことがある。

でも、猫を飼っている人は、猫がくさくないことを知っている。

事実、猫は人間よりも体臭が少ないと言われていて、まったくくさくない。むしろ、天日で干した布団のようないいにおいがする。

くさいのは、オシッコだ。

そのニオイが残るのは、つまり飼い主の怠慢。お掃除不足。

だから毎日頑張って、掃除をしよう。

我が家はタンゴがちょいちょい粗相をしてくれるおかげで、床みがきが日常化し、いつでもピカピカ！　という前向きなオチをつけて、私は自分をなぐさめている。

オムツを考える

かつては、長距離移動の際などにオムツを使っても、キャリーケースの中で器用に脱いでしまっていた。そんなタンゴも、今では大人しくつけさせてくれる。日常的に使い始めたのは、粗相を繰り返し始めた頃。猫のオムツ姿はまさにせつなかわいくて、私は思わず笑みをこぼしながらも何度となく心が折れそうになった。

「今日はオムツでごめんね」と言って家を出て、仕事を済ませて帰ると、オシッコとウンチでパンパンに膨らんだオムツをつけた老猫が部屋でじっとしている。そしてまた「ホントにごめんね」と半べそかきながら、タンゴのおしりを洗う。帰宅が遅くなった理由が飲み会だったりすると、なおさら罪悪感に押しつぶされそうで、これはさすがに精神衛生上よくないぞと思った。

でも、飼い主も強くなって、そこは割り切るしかない。家中に粗相されても被る精神的ダメージはほぼ一緒だし、あちこち掃除をする手間を考えたら、オムツのほうがラクに決まっている。

そう、いざとなったら、オムツだ。

例えばあまりに粗相をして、おちおち家を空けていられないというとき。病院の行き帰りなど、垂れ流しにされては困るとき。必要に応じて利用するのはけっして悪いことではない。

しかし、ペット用のオムツは高い！

しかもペットシーツ同様、市販の商品は犬をメインターゲットに作られていると思われるので、猫が使うにあたっては多少の妥協が必要だ。おしり部分にポリマーが入っていないものが多く、なかなかフィットしないため、実際にタンゴのコロコロウンチがよくこぼれ落ちている。

そこで、日常的にオムツを必要とする猫ならば、思い切って人間の赤ちゃん用のもので代用することをおすすめしたい。スーパーやドラッグストアで値札を見比べると一目瞭然、なんとペット用の約三分の一の値段で買えるのだ。

これを利用しない手はない。なにしろ、同じオムツなのだ。唯一の違いはシッポを通す穴が開いていないことだけれど、そんなの自分で開けたらいいじゃないか。

まず、猫のおしりにオムツを合わせてみて

（手持ちのペット用オムツを重ねてみてもいい）、だいたいの印をつけ、そしてハサミで穴を開ける。中の吸水ポリマーが出てこないように、メンディングテープなどでふちを留めればできあがり。ペット用と違っておしりまでポリマーが入っていることに加え、ウエストや足ぐり部分のゴムがよりフィットする仕様になっているので、長時間のお留守番も安心。ただし、人間用なので猫のオシッコ臭にはもちろん対応しておらず、だからオシッコすればすぐに鼻が感知。一回のオシッコで取り替えるのが無難だろう。仮に飼い主が風邪をひいて鼻づまりしていたとしても、赤ちゃん用オムツはオシッコをすると柄の色が変化する仕様になっていたりするので、目でも確認できてしまうのだ。なんて便利！

サイズは、多くの猫には新生児用で十分だと思う。大きめの猫なら、メジャーで胴まわりを測った上で、お店で合うサイズを探すといい。人間の赤ちゃん用は、サイズが豊富なところも使いやすいポイント。

オムツを器用に脱いでしまう猫には、犬用として売られているオムツカバー（サスペンダー付きのパンツのようなもので、はかせることでオムツを固定できる）を使ってみるのもいいかもしれない。

ごはんの困った！　解決編

生きとし生けるもの、すべての命にとって、食べることは生きることとイコールだ。老猫になると往々にして食が細くなってしまうけれど、とにかく食べられるうちはしっかりおいしく食べてほしい。飼い主の願いはそれに尽きる。

では、日常的に何を食べさせるか。

それは猫の嗜好にもよるし、飼い主の考え方にもよるので、千差万別、人それぞれだ。ただ、年とともに吸収力が低下してくるので、より栄養価の高い食事が必要になる。

シニア食の謎

タンゴが十二歳になったとき、カリカリをシニア用に替えた。シニア用はだいたい七歳以上を対象としているので、切り替えるのが遅すぎたぐらいだ。それまでは〝サイエンス・ダイエット〈プロ〉ライト〟を食べさせていた。当時、タンゴの体重は約六キロ。いちばん重いときで七キロちょっとあったのでだいぶマシになったとはいえ、まだまだ太っちょ。でも、身体能力の衰えが見え始めて、優先順位が変わった。ダイエットより、老化防止のほうが大事だと思うようになったからだ。

ところが、カリカリを替えてほどなく、タンゴが吐くようになった。吐くというより、えずくといったほうが近い。食べたものを戻すわけではなく、ただ胃液だけが出る。毛玉すらほとんど吐いたことのない猫だけに、これはさすがに心配になった。

もちろん、すぐさま病院へ。

獣医さんは、原因をすぐに見抜いた。

「最近、ごはんを替えませんでした？」

替えました替えました、ええ、替えましたとも！

先生によれば、私が与えたシニア食がタンゴに合っていなかったらしい。老猫は便秘がちなので、シニア用フードにはより多くの食物繊維が含まれていることが多いが、タンゴにはそれが必要なかったのだ。

すぐに元のフードに戻した。

ほどなくしてえずきが止まった。

つまり、フードのパッケージに謳われた年齢別ステージが、そのまますべての猫に当てはまるとは限らない。

その後、いくつかのシニア用を試してみたものの、やはりあまり食いつきがよくなくて、最終的にたどり着いたのが〝ナチュラルバランス〟だった。一袋食べ終えるごとに、間に〝ロイヤルカナン〟など、タンゴが好むプレミアムフードに少しの間だけ切り替えて、フードローテーションを心がけている。

大事なのは、それぞれの猫に合ったフードを選ぶこと。

シニア用ドライフードは粒が小さく作られていて、老猫にも食べやすい形状になっているものがほとんどだが、例えば歯が抜けた猫はそれだとむしろ食べにくいかもしれない。

栄養価を考えたら、いわゆるプレミアムフードに越したことはないのだろうけど、そもそも猫が食べてくれなければ意味がない。

最近は試食用の小さいパッケージの詰め合

わせが販売されていることもあるので、そうした便利なものを利用しながら、いろいろ試してみるのがいいと思う。猫が好んで食べるもので、なおかつ高品質なものを選べば間違いないだろう。

ドライがいいか、ウェットがいいか、それもまた好みの問題だ。昔と違って、今は缶詰やパウチのウェットフードの多くが、ドライと同じく総合栄養食になっているので、猫が好むならウェットだけでも構わないと思う。

なお、いつからか常識のように語られている、ドライフードのほうが歯にいいという説は、厳密には正しくないようだ。咀嚼が歯にいいことは確かだけれど、ドライフードにとくにこだわる必要はない。猫は時おり奥歯でガリッと嚙むことはあっても、カリカリを丸吞みしてしまうことがほとんど。食べ物で歯のケアをしようとするなら、やはり肉や魚といった生ものや、ジャーキーなどの硬いものを日常的に食べさせるのが有効だという。とはいえ、老猫になってからでは新しい食感の食べ物を受け入れるのは難しいと思うので、ついてしまった歯石は飼い主や獣医さんの手で物理的に対処するのが手っ取り早い。

そして、もっとも飼い主を困らせ、心配させるのが、愛猫の食欲低下だろう。猫は、からだに痛みなどの不調があると途端に食べなくなるので、ある意味ではわかりやすい。もし急に食べなくなったら、迷わず病院へ。

ただ、病気でなくとも、高齢期になれば多少は食が細くなる。タンゴは相変わらず食欲旺盛ではあるものの、やはり全盛期に比べれば食べる量は格段に減った。そのため食事回数を一日三回に増やしているのだが、加齢によって吸収力が低下しているせいなのか、必要量を食べているはずなのにちっとも太らない。このまま年を重ねれば、高栄養食が必要になるのかもしれないな。

以前は動物病院でしか扱っていなかったようなフードも、最近ではインターネットで簡単に買えるので便利だが、まずはかかりつけの獣医さんに相談して、愛猫に必要なカロリーや栄養素を把握しておくことが大切。摂りすぎると逆にからだの負担となる栄養素もあるので、サプリメントなどを取り入れる場合も、なるべくなら事前に獣医さんの意見を求めたほうがいい。また、栄養補助のみならず、毛艶や瞳の輝きをキープするものや、病気の予防のための猫専用サプリも多く出回っているため、上手に使えば老猫の生活をより快適なものにできるはずだ。

いずれにしろ、インターネットなどの情報を鵜呑みにせず、愛猫の状態をしっかりと把握した上で、最適な食事やサプリを選びたい。

手作りごはんを考える

猫に手作りごはんを食べさせている人は、割合としてはまだ少ないのだろうけれど、最近ずいぶん増えてきたように感じる。専門のレシピ本が出版されていて、栄養バランスを取るために加えるべきサプリメントもたくさん売られているので、以前に比べて作りやすくなったのだろう。

うちでは猫ごはんを手作りしたことはない。作ろうと思ったことすらない。というのも、タンゴは子猫の頃から、人間の食べるものをほとんど受けつけなかったからだ。マグロなどの刺身も、新鮮な牛肉も、茹でたササミも申し訳程度に齧るだけ。だからいつからか、タンゴ用に刺身や肉を取り分けることをしなくなった。今思えば、私がそこであきらめず、小さい頃から生ものを食べる習慣を身につけさせたらよかったなと後悔している。

生ものは、生き物にとってとても大切な役割を果たしてくれるのだ。

そのカギは、消化酵素。

食べたものを消化するには酵素が必要で、例えばキャットフードを食べると、それを消化するために猫は自分のからだの中にある酵素を使う。その消化活動のために消費されるエネルギーは微々たるもの。だから、元気なときには気にもしないのだけれど、病気になったときや、年老いて食べられなくなったときはからだの負担になってしまう。

そこで生ものの出番だ。生の食品には、それ自体に消化酵素が含まれている。食べれば勝手に消化活動をおこなってくれるので、猫は自身の持つエネルギーの全部を回復のためにだけ使える。かつて友人宅で飼っていた老猫は、最期の数ヶ月間、刺身しか口にしなかった。きっと、猫の生存本能がそうさせたのだろう。

生の食品に慣れておくことは、猫にとってはとてもいいことなのだ。


といっても、堅苦しく考える必要はまったくない。

手作りごはんを作ろうと張り切って、あれもこれも入れよう、サプリを買い揃えようなどと大がかりなことになると、きっと途中で疲れてしまう。

普段は、いつも通りのキャットフード。

ただ、新鮮な肉が手に入った、おいしそうな刺身を買ってきた、そういうときに猫のために少し切り分ける。その程度でいい。

猫にとっておいしくて、なおかついざというときに命を繋いでくれるかもしれないと考えたら、まさに一石二鳥だ。

　また、同じ理由で、老齢になったら今まで禁止していた好きなものをたまには与えてもいいいんじゃないかと思う。こんなことを言えば獣医さんには叱られそうだけれど、たとえそれが人間の食べ物であっても、猫自身がおいしいと感じるものをちゃんと認識させておきたい。ほかのものを何も食べられなくなったときでも、好物だったら少しぐらいは食べられるかもしれない。実際にクッキーやビスケット（たぶんバターが好きなんだと思う）が大好きな猫や、脂肪分たっぷりの生クリームに目がない猫を知っているけれど、とくにクリーム系ならペロペロと舐めるだけでもそれなりにカロリー摂取ができるし、ちょっとでも食べてくれたら、何より飼い主の心が救

われる。うちでは最近になって、ごくたまにではあるけれど、タンゴの大好物〝カニカマ〟を食べさせている。

雑食のススメ

子猫の頃から同じフードで育てている飼い主は少なくないはずだ。とくにプレミアムフードを食べさせていると、どのメーカーも〝あとは水だけで十分〟と謳っているし、栄養バランスを考えたら、むしろほかのものは食べさせないほうがいいと考えるのも無理はない。

かくいう私もそのひとりだった。

でも、前項の生ものについてもしかり、いろいろなものを食べられるようにしておくことは、とても大切なこと。

二〇一一年に起きた東日本大震災で、多くのペットもまた被災したことは記憶に新しい。ボランティアの手で保護されたにせよ、飼い主と一緒にいたにせよ、震災直後の被災動物たちの食料はその多くを寄付に頼っていた。現物で送られてきたものもたくさんあっただろう。物流が途絶えている間は買うことができないので、猫たちがそれまで何を食べていたかにかかわらず、とにかく目の前にあるフードを与えられたに違いない。

果たしてすべての猫が、出された食事をおいしく食べられただろうか。

もし、そこにタンゴがいたらと思うと、私は想像するそばからぞっとしてしまう。好き嫌いが多くて、ほとんど同じようなプレミアムフードを食べ続けてきたタンゴは、どんなに空腹でも目の前の食事を受けつけないかもしれない。そして、そんな事態に陥った老猫が、生きながらえるとは到底思えない。

災害に遭うなんて、そうそうあることではないと思う？

では、病気になって療治食に切り替えなくてはならなくなったり、歯が抜けるなどして、お湯でふやかしたドライフードや慣れないウェットフードを食べなければならなくなったりしたらどうだろう？

あるいは、いつものフードが生産中止になったりしたら？

いつものごはんが手に入らなくなる、食べられなくなる可能性は、低いながらもけっしてなくなりはしない。

食べることは、生きること。生きるためには、なんとしてでも、なんでも食べなければならない。雑食であることは、最悪の事態に陥らないための予防線になるということだ。

とはいえ、老いてから新しい食べ物を受け付けられる猫は、残念ながら少ない。食べ物に関しては初期体験が絶対で、猫は最初にインパクトを覚えた食べ物に執着する傾向が強いのだという。雑食になるかどうかは、つまり子猫時代がカギ。老猫となってしまっては、なかなか食の幅が広げられないのが現実だ。でも、どんな猫にも好きなフードがいくつかあるはずなので、それをローテーションするのもひとつの手だ。とにかく、できる範囲で多くの種類を食べられるようにしておきたい。

また、フードローテーションといって、定期的にフードを変えるのは食物アレルギーを予防する観点からも有効だ。同じ食べ物だと

飽きてしまう猫にも絶好。うちでは〝ナチュラルバランス〟をメインに、タンゴが好んで食べるいくつかのメーカーのフードを四百グラム程度の小袋で買って、定期的に切り替えることにしている。

小袋は割高になるけれど、ドライフードは開封後三週間ほどで酸化が進んでしまうらしいので、余りを捨てざるをえないことを考えると結果的に経済的だ。

食器とテーブル

老猫になると少しずつからだの柔軟性が失われていく。食事をするとき、床に置かれたお皿に顔を寄せるのも一苦労だ。少しでも食べにくそうにしていることに気づいたら、すぐに食事台を用意したい。

しかしこれもまた犬用品にすっかり水をあけられている。ネットショップで検索をして出てくるのは、言わずもがな犬用テーブルばかり。別にそれを猫が使っても問題ないのだけれど、ワンちゃん専用らしくかわいらしい骨のイラストが入っていたりするのが悩みどころだ。

もちろん、数は少ないながら猫用として作られているものもある。でも、デザインにどうも納得がいかず、うちでは未購入。輸入品に目を向ければ、オシャレなデザインのものがあって食指が動くものの、値段を見て卒倒しかけることもしばしば。なにしろ人間用のブランド物の食器よりも高かったりするのだから、ペット産業とはかくも強気なものだと思う。

妥協するしかないのなら、私はお金を出さない。出したくない。

だからうちはトイレの踏み台同様、家にあるもので適当に食事台を作った。気に入ったテーブルが見つかるまでという条件付きのはずだったのに、なぜかもう一年以上使っている。

最初は、百円ショップで買ったプラスチックのテーブルをセット。ところが、あまりに軽く脆弱なため、タンゴはそのテーブルに足を引っかけてすぐに破壊してしまった。そのまま玄関まで引きずっていったこともある。また、カリカリの皿をひっくり返すだけならまだいいのだけど、同時に水をぶちまけられ、なおかつその上にタンゴがスライディングした日には思わず〝あちゃ～〟だ。目も当てられない。

そこで、例によって古い雑誌の登場だ。

何冊か積み上げて、猫が食べやすい高さに調整したら、それをヒモなりテープなりでまとめ、ビニールでぴっちりとくるみ、そしてペットシーツでぐるりと包む。ペットシーツは雑誌の目隠しにもなり、また、水をこぼしたときに吸収してくれるので便利。

　そして、その上に何度となくひっくり返したテーブルをテープで固定。最後に布製のランチョンマットをかぶせれば、食事台のできあがり。ポイントは、老猫がよろめいたりしても動かないことと、手入れがラクで清潔を保てること。ちょうどいいサイズの箱を利用したり、レンガを積んで木材の天板を渡すなどしても同様のものが作れると思う。


　さて、その上に置く食器について。言うまでもなく犬用に比べると猫用は圧倒的に少なく、さらに老猫用として作られているものは皆無と言っていい。

　猫は舌を手前から向こうに伸ばして食べ物をすくうので、猫用の食器はだいたいが手前

側に傾いている。斜めに皿が置けるシリコン製のスタンドや、食事台の天板が最初から斜めになっていてそこにボウルをセットするものなど、数は少ないながらも使い勝手のよさそうなものもある。

ただ、やっぱり全体的に値段は高めだ。

我が家ではいつしか猫用食器をすっかりあきらめて、ずっと人間用の陶器のボウルを使っている。大きさの違う二つの器を用意して、小さいほうの上に大きいほうを傾けてセットすれば斜め食器のできあがり。猫が手をかけたりしない限りは動かないので、おとなしく皿に顔を近づけてくれる猫にはおすすめだ。

言うまでもなく人間用の食器のほうが選択肢が多いので、愛猫が食べやすい形の器を見つけられる確率が高い。なかでも、ちょっとやそっとじゃひっくり返らない、どっしり重たい陶器製のものだとより安心。

水飲み大作戦

猫はもともとあまり水を飲まない。

祖先が砂漠地帯に生息していて、少ない水分で生き延びるために尿を濃縮する術を得たのだという説が一般的だ（オシッコがくさいのもそのため）。

でも、生きていくには水が必要。
とくに老猫になると喉の渇きを感じにくくなるとも言われていて、腎疾患があってうまく尿を濃縮できない猫は脱水が進んでいく危険もあるので、日頃から上手な水分補給を心がけたい。かかりつけの獣医さんの話では、体重一キロあたり一日三十cc、腎臓疾患のある子なら五十ccは必要とのこと。ただし、多すぎると逆によくないので、目安を知ってほどほどに。

もともとよく飲んでくれる猫なら、例えば水がおいしくなると謳われている陶器を使ってみたり、レンジで少し温めてみたり、ちょっとした工夫で飲み続けてくれるだろう。

問題は、なかなか飲んでくれない猫だ。
タンゴは、それなりに水を飲む猫だった。でも、目が見えていないという事情もあって、いつからか水の器に足を突っ込んでしまったり、ひっくり返したりするようになった。今は一日に数回、私が器を口元まで持っていって飲ませている。留守中にはウォーターファウンテン（循環式の給水器）を置いているけれど、飲んでいるのを見たことがないので、こぼされることを覚悟でボウルの水を数ヶ所に置いている。

それでも足りないと感じたときには、シリンジ（注射器みたいなもの）で強制的に飲ませる。

　背中から抱きかかえて膝の上に乗せ、あごの下にタオルを当てて、口の横からチューッと少しずつ水を注入。激しく抵抗することもあるけれど（この場合はすぐにやめて、時間を置いてから再度チャレンジ）、だいたいはペロペロと舐めるようにしてちゃんと飲んでくれる。

　無理やり飲ませることを、かわいそうと感じる人がいるかもしれない。でも、脱水症状を起こしてからでは遅いのだ。また、いつか病気になって薬を流し込まなければならなくなったとき、猫がシリンジに慣れているのは大きなメリットでもある。

シリンジは一般の薬局などでも購入できる。だいたい一本につき数百円前後。横口（先端が中心より外側についている）の十五〜二十ミリグラム程度の大きさのものが、女性の手にも収まって使いやすいと思う。

それでもあまり水を飲まない猫には、水分量の多い食事を心がけるといい。ドライフードにももちろん水分は含まれているけれど、やはり選ぶならウェットフード。さらにぬるま湯を混ぜてみてはどうだろう。

タンゴは十二歳を過ぎたあたりから、一日に一度、ウェットフード〝モンプチ〟（ビーフのテリーヌ仕立てが好物）にたっぷりぬるま湯を注いだものを食べている。おそらく、一日の必要水分量のほとんどをここで摂取しているんじゃないかな。

私の印象では、スープ好きの猫は案外多い。

市販の猫用スープパウチを利用するのでもいいし、例えばササミの茹で汁や、塩分を加える前のいりこやかつおの出汁など、いろいろ与えてみて、愛猫の好きなスープを探してみるといいだろう。

病気で食欲が落ちたときなども、栄養と水分を同時に補給できるスープは上手に利用したい。

そして、もし猫が慣れてくれるのなら、ウォーターファウンテンは日常的にはもちろんのこと、留守番をさせるときにもとても便利。手入れを怠らず清潔に保つことが大前提だけれど、いつでもきれいな水が飲める状態にあるというのは素晴らしい。

しかし、給水器は仕様も値段もさまざま。最初から高価なものを買って、猫が見向きもしてくれないと飼い主は大打撃を受けることになるので、安くて手軽なものから試してみるのがいいと思う。

置き水の場合はとにかくこまめに替えることが大切だ。猫の口の中には細菌がいっぱいなので、歯周病予防のためにも、飲んだらその都度替えるぐらいの気持ちでいたほうがいい。とくに多頭飼いの場合は、より気を遣ってほしい。

なお、最近ではよく知られた話だが、猫にミネラルウォーターを与えるときは慎重に選ぶ必要がある。日本産の天然水は軟水なので概《おおむ》ね問題ないとされているが、外国産のものは要注意。硬度が高い、つまりミネラル分（マグネシウムやカルシウム）が多いと、尿結石などの猫泌尿器症候群の原因になってしまう場合があるので気をつけたい。すでに腎疾患のある老猫は、最初から選択肢に入れないほうが無難。

ちなみに、タンゴの飲み水はずっと水道水だ。住んでいる場所や住居の水道設備によって多少のバラつきはあるだろうけれど、品質が安定している上、塩素の効果で雑菌が繁殖しにくいので、留守中の置き水にするには絶好。カルキ臭が気になるときは、浄水器を通すという手もある。

お部屋の困った！解決編

老猫は、時に思いもよらないことをやらかす。その多くはせつなかわいくて微笑ましいことなのだけれど、場合によってはそれが事故の危険に直結することもある。子猫や成猫の時代と同じ環境では、もはや快適に暮らせなくなってくるのだ。

老いても楽しく暮らせるように、家の中のことをここで少し考えてみよう。

段差を楽しむお手伝い

バリアフリーという言葉が世に浸透して久しい。すべての人にやさしい環境作りは、例えばお年寄りがつまずかないように、家中の段差をなくすことなどから始められた。

そうしたバリアフリー環境は、実は老猫にも必要だ。

もちろん段差をなくすわけではない。猫はそもそも高低差のある動きが大好きなもの。でもいつか、高いところには上れなくなる。キャットタワーはおろか、テーブルやソファにだって自力で上れなくなる日がやってくる。それでも猫は、やっぱり高低差が大好き。だからその上下運動の手助けをしてあげることが、老猫のためのバリアフリーだ。

具体的には、踏み台を用意するのがいちばん簡単だと思う。またしても犬用として、そのための階段状の踏み台が売られているけれど、案の定値段が高い。

こうなると、やはり飼い主が工夫するしか道はない。

雑誌の積み重ねはここでも大いに役立つ。サイズの違う雑誌や本を重ねて階段状にすればいいのだから、すこぶる簡単。きれいなラッピングペーパーでも貼れば、見栄えも問題ない。また、ＤＩＹが得意な人なら木材から台を作ってもいいし、サイズさえ合えば市販の花台や脚立なども使える。

出窓など、比較的高い場所に定位置があった猫のためには、階段状の家具やスタッキングできるボックス家具を選ぶといいかもしれない。

タンゴは現在、ほんの少しの高さもジャンプできない。ソファに上ろうとする仕草もいつしか見せなくなった。ただ、子猫の頃から夜は人間のベッドで一緒に寝ていたので、私が横になると今でもベッドの脇にやってきてじっとしていることが多い。そこで踏み台を用意したところ、待ってましたと言わんばかりに上ってくるようになった。ただし、下りるときは、タンゴの視力ではおそらく見えていないので踏み台を使わない。おそるおそる前足を伸ばして、床面をちょっと捉えた次の瞬間に、からだ全体をどすんと落とす。そう、下りているのではなくて、落下している。とはいえ三十センチほどの高さなので怪我する心配はまずないし、これがタンゴの唯一の上下運動なので、私もあまり神経質にはならないようにしている。

もちろん、これまでできていたことのすべてをそのままやらせてあげるというのは、物理的に無理があるだろう。でも愛猫にとって

譲れないいくつかのことは、飼い主の工夫で今まで通りの動作ができるようにしてあげたい。

滑ったり引っかかったりする問題

加齢とともに皮膚の乾燥が進むのは、人間も猫も同じ。

猫の肉球も次第にグリップ力が弱り、床面を捉えきれなくなってくるようだ。

タンゴも最初は、拭き掃除したてのフローリングの床でツルッと滑る程度だった。それが床という床で滑るようになり、気づけばカーペットやラグの上でも滑り、ひどいときは波乗りのごとくキッチンマットごと滑る。最近では、私がお風呂から出るたびに、足元にあるはずのバスマットが一メートルほど遠くにズレているという怪現象も起きている。なんて楽しき我が家。

これは運動能力の低下が原因のひとつだ。四肢の踏ん張りが利かないから滑る。

タンゴは十三歳を過ぎたあたりから脚力が弱り、高いところに上れなくなり、抱っこをするとおなかをぴったりくっつけてくるようになった。関節炎など、病気らしい病気は発見できなかったので、獣医さんの見立てでも単なる老化とのこと。動きが鈍るにはちょっと年齢的に早いのだけれど、こればかりは個体差があることとして受け止めるしかない。

さて、滑ってしまう問題をどう解決しよう。

滑ったり踏ん張ったりを繰り返していると、四肢にダメージが蓄積されて、最悪の場合は腰椎を痛めてしまうことがあるという。滑っている姿は、少々不謹慎ながらとてもかわいいので、見るほうとしては悪くないのだけれど、猫のからだのためにはせめて家の床を滑りにくくすることが必要だ。

まず、可能ならカーペットなどを敷くのがいちばんいい。毛足がある程度長ければ、そこに足を取られることで逆にスリップしなくなるから。ただ、家中に敷き詰めるとなると予算の問題もあるし、粗相をしたり食べこぼしたりすることを想定すると、敷物はないほうが都合がいいとも言える。

スリップ防止のワックスを塗るという手もある。重ね塗りしないといけないものが多いので、時間と手間がかかってしまうものの、老猫でもまだ走り回れるくらい元気な子であれば、長い目で見るとこれがもっとも有効かもしれない。

うちは狭い賃貸住宅だ。私にはカーペットをオーダーする勇気も湧いてこなければ予算もなく、何度も塗り重ねなければ効果を得られないというワックスを使う根気もない。

そこでいろいろ調べてみたところ、なんと猫の肉球に直接塗るワックスが何種類か市販されていた。行動範囲がそう広くなく、動きも緩慢なタンゴにはこれで十分かもしれない。

さっそくローション状の商品を取り寄せて、タンゴの肉球に塗り込んでみた。

うん、悪くない。

効果は長続きしないものの、それなりに滑りにくくなるみたい。ただ、説明書きには、猫が舐めても問題ない成分であると明記されているものの、実際にはこれは舐めてはいけないだろうと感じてしまうニオイがする。タンゴは今では自分でグルーミングをすることがほぼないので問題ないけれど、せっせと指の間まで毛繕いをする老猫が使うと思うと、ちょっと気が引けるのは事実。

とはいえ便利なものであることには違いないので、家全体にスリップ防止加工ができない場合は、いろいろな商品を比較検討しながら使ってみるのもいいと思う。

そして、これを忘れてはいけない。

猫が滑るようになるということは、自分の動く範囲を把握できなくなってくるということだ。滑った後ろ足が伸びた先に何があるか、猫にはわからない。例えばそこに、不安定に積み上げた本やＣＤなどがあったとしたらどうだろう？ 考えるまでもなく、それはとても危険だ。

だから、床にはなるべく物を置かないほうがいい。

老猫とはいえ、いわゆるシッコハイやウンコハイ（排泄の前後にハイになって家中を駆け回る）の状態になると、スイッチが入ったように動き出すことがある。そんなとき、床に転がった飼い主のカバンや、脱ぎ捨てたスリッパや、ましてや水の入った花瓶などに引っかかってしまったら、ちょっとした惨事になりかねない。そこでパニックになった猫がどれほど予想不能な動きで暴れるか、猫を飼っている人ならわかるはずだ。

また、粗相をして、床に置いたものを汚してしまわないためにも、そもそもの最初から物を置かないに越したことはない。

床を這う延長コードなども、猫が絡みつかないように、可能なら壁際や家具に沿って固定しておきたい。

うちでは夏場、風通しをよくするためお風呂の扉を開け放っている。あるときタンゴが中に入って涼んでいたかと思ったら、突如としてドンガラガッシャン！ とけたたましい音が鳴り響いた。慌てて見に行くと、そこにはシャンプーラックに頭を突っ込んで動けなくなった、情けない猫の姿が。

そこでシャンプーラックを撤去して、洗い場には物を置かない状態にしていたのだけれど、またあるとき、お風呂場からいつにない低い鳴き声が。今度は、シャワーのホースに後ろ足が絡まって動けなくなっていた。これを機に、シャワーヘッドを高いほうのフックにかけることにしたのは言うまでもなく、次から次へと起こる家庭内事故に、飼い主はまたしても反省しきり。

ただ、これは、タンゴの目が見えないことも大きな原因のひとつと思われるので、すべての老猫がこんなドジを踏むわけではないとは思う。でも、個体差はあれ相手は老猫。少

しでも事故が起こる要因を排除しておけるなら、今すぐそうしたほうがいい。

お留守番の困った！解決編

二十四時間、三百六十五日、家に必ず誰かがいて老猫の世話ができるという家は、いったいどのぐらいあるだろう。

おそらく猫にけっして留守番させずにいられる飼い主はいない。

老猫に留守番させるのは心配だけれど、日常的な外出をはじめ、出張や帰省などで前もって家を空けることがわかっているなら、それなりの準備はしておける。

でも、急用ができたとしたら？

ひとり暮らしの飼い主が急病で倒れたら？

不測の事態に備えて、帰宅がたとえ丸一日遅れても、猫が部屋の中でそれなりに過ごせるようにしておきたい。

お留守番の仕方いろいろ

私はフリーライターという職業柄、家で仕事をすることも多いので、一般的な会社員に比べれば在宅時間がおそらく長い。それでも当然、仕事や私用で長時間家を空けなければならないことはあって、そのたびにタンゴのお留守番準備に追われている。

タンゴが若いうちは、二泊三日程度なら留守番させても平気だったので、たっぷりのドライフードと水を用意して気軽に出かけていた。

留守がそれ以上になる場合は、ペットシッターや友人に一日一回程度様子を見に来てもらい、ごはんの用意や、トイレの掃除をしてもらうことにしていた。

でも、年老いて、目がよく見えず、からだの動きも緩慢で、粗相ばかりしている今のタンゴに留守番させるのは、考えるだけで痩せ細りそうなほど、私にとってストレスフルなことだ。

例えば、朝から晩まで留守にしても、その日のうちに帰れるなら、タンゴがひとりで過ごすのは長くて十五時間程度。ドライフードを用意し、水の入ったボウルを数ヶ所に置き、使ってくれないので気休めに過ぎないのだけれど、ウォーターファウンテンも一応セットする。もし皿をひっくり返して食べられなかったとしても、私が帰宅してから食べさせればいいし、粗相の心配はオムツを利用することで無用になる。

でも、地方に一泊となると、留守は確実に二十時間以上になってしまう。こうなるともう、人に頼るしかない。

幸い、私が暮らしているのは東京だ。仮にその日手が空いている友人が見つからなかったとしても、ペットシッターという職業の人が数え切れないほど存在している。タンゴの場合、多少の介助を必要とするため、それを了承してくれる人にしか頼めないのだけれど、病気があるわけではないので今まで断られたことはない。

料金は業者によって多少のバラつきはあるものの、だいたい一時間三千円前後、加えて交通費や出張費が上乗せされる場合がある。それを高いとするか安いとするかは飼い主次第だ。私が思うに、その料金には猫の世話の対価だけではなく、飼い主の安心料も含まれている。

多くのペットシッターは、シッティングの様子を写真付きメールで毎日知らせてくれて、最後には全部をまとめた報告書を作成してくれる。猫が快適に過ごせるよう、食事やトイレの管理だけではなく、ブラッシングをしてくれたり猫じゃらしで遊んでくれたり、さらに時間内であれば部屋の換気や掃除をしてくれることも多い。

鍵を預けて、留守宅に入ってもらい、愛猫を託すのだから、相手を信頼できるかどうかがまずはすべてだ。ただ、気軽に猫の世話を頼めるペットシッターを見つけておくと、いざというとき本当に心強い。最近では猫専門のキャットシッターも増えているので、飼い主の選択肢もまた広がっている。

もちろん、そんな職業は存在しない！　という地方もたくさんあるだろう。そうなったらもう親戚や友人知人、とにかく近しい人を頼るしかない。常日頃から「何かあったらお願いするね」と声をかけておくのが賢明。

また、猫は環境の変化に弱いのであまりおすすめはしないけれど、数日間ならペットホテルに預けるのもひとつの方法だ。老猫であれば、病院に併設されたホテルに預けるとより安心。ただし、事前のノミ予防が必要だったり、ワクチン接種済みであることなど、預けるのに条件がつく場合も多々あるので、事前に確認しておきたい。

タンゴは十六歳になって、はじめて病院の

ホテルにチェックインした。かかりつけの病院には隔離室があり、ワクチン未接種のペットも健康に問題がなければ預かってくれる。このときは私が海外出張で、五日間留守にすることになったため、迷わず病院に預けることを選択した。ペットシッターに一日二回来てもらうとしても、何かと介助の必要な猫にとってはひとりの時間が長すぎると思ったからだ。結果的に、タンゴは問題なくホテルで過ごしたし、ちょうどその期間は台風が来て気温が乱高下していたこともあって、本当に預けてよかったと思っている。何か健康上の問題があれば、すぐに獣医師に対応してもらえるというのも、飼い主にとっては心強い。だからこのときの出張では、私は今までにないほど安心して仕事ができた。

ちなみに、料金は五泊六日のお泊まりで約三万円。通常の預かり料金（三千四百円／一泊）に加えて、隔離室の料金（二千円／一日）が加算されたので、それなりの金額になった。でも、これもまた安心料だと私は考えているし、隔離室分は本来接種すべきワクチン代だと思えばそう高くもない。それに、ペットシッターに一日二回来てもらえば、それに近い金額が必要になる。いずれにしろ、必要経費だ。

そう、老猫は、お留守番にもお金がかかる。

留守番環境を整える

【フードと水】

飼い主が留守をする時間の長さに関係なく、家の中の環境は留守番用に整えておかなければならない。

まず、ごはんを置いていくならドライフード。ただし、タンゴがメインで食べている〝ナチュラルバランス〟は化学的な保存料を使っていないため、夏場の置き餌にするのにはちょっと抵抗を覚える。パッケージにとくに注意書きがあるわけではないし、室内には冷房を入れているので短時間なら大丈夫だろうけれど、半日以上留守にするときは念のため保存料を使っている市販のフードに切り替えている。

ウェットフードは言わずもがな。夏場に限らず、水分が多いフードは傷むのが早いので避けたほうが無難。もちろん湿らせたドライフードもやめたほうがいい。歯が抜けてしまったりでウェットしか食べられない老猫には、飼い主が帰るまでごはんを我慢してもらうのが賢明かも。

水はたっぷり用意しておきたい。

ウォーターファウンテンに慣れているなら最高。普段ボウルの置き水を飲ませているなら、こぼしてしまったときの予備として、猫の通り道になりそうな数ヶ所にも置いておくといい。

ちなみに、留守番用の水は水道水に限ると私は思う。悪者にされがちな塩素だけれど、これが水の衛生状態を保ってくれるのだ。

【トイレ】

トイレは、一般的に猫の数よりひとつ増やして設置しておくといいと言われている。つまり一匹なら二つ、二匹なら三つ。猫がきれい好きなのは言わずと知れた話で、無駄な粗相を防ぐためにも、トイレの数や砂の量は余裕を持って用意しておこう。

また、日常的に粗相が目立つ老猫を留守番させるときは、トイレの周りに敷くペット

シーツの範囲を広げておいたり、オムツを使ったり、猫も飼い主も結果的にストレスが少ない方法を選びたい。

【室温】

そして飼い主がもっとも頭を悩ませるのが、留守番させている間の冷暖房をどうするか。

結論から言うと、老猫に冷暖房は必須！

人間がそうであるように、猫もまた年をとると暑さや寒さに対する感覚が鈍ってくる。気づかないうちに夏の暑さで熱中症になってしまったり、冬の寒さで風邪をひいたり、膀胱炎や尿管結石にかかる危険性も高まる。とにもかくにも、病気になってからでは遅い。ケチった光熱費よりも、猫の医療費が高くつくことは火を見るより明らかだ。

タンゴはかつて、夏は自分からペット用の冷感アルミプレートの上に乗り、お風呂場でくつろぎ、玄関の床で涼んでくれる、とても手のかからない猫だった。冬は冬で、勝手に人間の布団に潜り込んでくれたので、私も安心してエアコンのスイッチを切って出かけられた。

でも今はそうではない。

春と秋のごく短いちょうどいい気候の時期を除いて、我が家の冷暖房はフル稼働している。タンゴのかかりつけの獣医さんによれば、猫の適温は二十八度。とくに部屋が寒い状態が続くと「寿命を縮めることになるよ」と恐ろしいことを言うので、私は素直に助言に従っている。主にエアコンとホットカーペットを使っているため電気代は当然かさむけれど、これは老猫飼いの必要経費なので甘んじて支払っている。

なお、寒冷地ではエアコンのない家も多いだろう。多くの場合、夏場は冷房いらずだろうから問題ないとして、冬場の暖房をどうするか。さすがに灯油ストーブをつけっぱなしで出かけるのは防災の観点からも危険なの

で、ホットカーペットやオイルヒーターなどを活用して、老猫が寒くないように工夫してあげたい。

【部屋の片づけ】

留守番をさせるときに限らないことだが、老猫のいる部屋はきれいに片づけておきたい。障害物となるものを床に置かないのはもちろんのこと、地震の多い昨今は、棚から物が落ちてこないように気をつけておきたい。クローゼットなども、一度入り込んで出てこられなくなる場合を想定して、開けっぱなしにはしないことだ。

なにしろ老猫は反射神経が鈍っているから、念には念を。

また、猫がいくつかの部屋を行き来できるようになっている家では、ドアストッパーを使うことを強くおすすめする。ドアに寄りかかったり、裏側に入り込もうとしたりするだけで、それは簡単にバタンと閉まってしまう。トイレも水もない部屋に閉じ込められてしまったら大変だ。

タンゴがまだ若い頃、私の留守中にうちでも同じようなことがあった。床に取り付けられたドアストッパーを使っていたのに、遊んでいるうちにそれを外してしまったらしく、寝室に閉じ込められる羽目になった。結果的に半日くらいは飲まず食わず、そして排泄せず。若かったからトイレも我慢できたのだろうけど、今なら絶対に無理だと思う。

なにしろ相手は老猫だ。留守中に起こるかもしれない最悪のことをまず考えて、問題なく過ごせるように対策を立てておきたい。

第四章

お金がすべてじゃないけれど

老猫はお金がかかる

猫を飼うのはお金がかかる。ちょっとしかかからないかもしれないけど、すごくたくさんかかる場合もある。とくに老猫の場合は、若い頃に比べて数倍以上のお金が必要になると考えておいたほうがいい。

まず、毎日の「フード」。年をとると食が細くなったり、嗜好が変わったりすることがある。歯が弱くなったり抜けたりという事情も出てくる。さらに、病気やアレルギーで食べられるものが限られることもある。そのため、栄養価の高い高価なプレミアムフードや、同じく値の張る療治食に切り替える必要に迫られるかもしれない。

「消耗品」の出費もきっと増える。トイレは、柔軟性が失われていく老猫のからだに合わせて、それ自体を買い替えたり、ペットシーツを用意したり、多くの場合新たな工夫が必要になってくる。粗相をしたときのための消臭剤や床を拭く洗剤なども必要だし、ブラシやコーム、爪切りや爪研ぎなどのグルーミンググッズ、ベッドなども老化の程度に合わせて買い替えなければならないだろう。

そして盲点なのが「光熱費」だ。人間がそうであるように、生き物は一様に年齢とともにあらゆる感覚が鈍ってくる。だから夏は熱中症にならないように冷房を、冬は風邪をひかないように暖房をつけっぱなし。もう春だからと思って何度となくホットカーペットのスイッチを切るものの、猫が小さく縮こまっているのを見るといたたまれなくなって再びスイッチオン。我が家では、十月から五月まで、ほぼ二十四時間ホットカーペットを使用している。

要するに、電気代は老猫飼いの必要経費だ。

さらに、これまではお留守番させることができていた時間にも、人の手を借りなければならないことがきっと増える。「ペットシッター」や「ペットホテル」の料金が必要になることはもちろん、友人に面倒を見てもらった場合には、出先でお土産のひとつも買って帰りたいと思うのが人情だろう。

そして、言うまでもなく「医療費」。ワクチンや健康診断や、猫風邪だの結膜炎だの膀胱炎だのという、比較的よくある疾患でさえ、治療費や薬代は飼い主の懐に打撃を与えるに十分だ。老猫になれば、それをはるかに超える高額医療費が、飼い主の生活にどーんとのしかかると思っておいたほうがいい。例えば毎日の通院、長期入院、はたまた大がかりな手術なんてことになったらどうする!?

私は自他ともに認めるデロデロ系飼い主で、甘んじて猫の下僕になるタイプだが、それでも基本的にはおそろしいほど高額な高度医療や、ペットの苦しみを長引かせるような延命治療は必要ないと思っている。でも、いざ獣医さんにそれが最善と言われれば、己の懐事情をかえりみることすらせずに、勧められるがまま簡単にタンゴを委ねてしまうと思うのだ。

命に関わるような事情がなくとも、例えば調子が悪くて病院に連れていったときに、血液検査をするかどうかを問われて、「いいえ、けっこうです」と言える飼い主はまずいないと思う。かくいう私も、獣医さんに「念のためこっちも調べておく？」と聞かれて、断ったためしがない。

現在のところ、我が家の一年間のタンゴ経費はこんな感じだ（表A参照）。健康なタンゴでも、ここ数年は平均して五万円前後の医療費が必要になってきている。老齢であることを考えて、ちょっと気になることがあると、すぐに病院へ連れていくことにしているからだ。これで何か病気にでもかかれば、数十万円の出費も覚悟しなければならない。想像するだけで怖い。

ああ、貯金しておけばよかった！

表A

食費（ドライフード、ウェットフード）	¥4,000×12ヶ月
トイレ消耗品（砂、吸収シート、ペットシーツ）	¥2,000×12ヶ月
衛生用品（除菌消臭剤、シャンプー、オムツなど）	¥2,000×12ヶ月
タウリンタブレット	¥17,000
医療費	¥50,000〜
シッター、ホテル代	¥50,000〜
その他雑費（ベッドの買い替えなど）	¥10,000〜
年間合計	¥223,000〜

若ければ若いほどいいけれど、老猫だって遅くはない。今日からコツコツと猫貯金を始めたらどうかな。五百円玉貯金とか、銀行の定期預金でもいいと思う。

病気になったら、つい治療費のことだけを考えがちだが、実は見えないお金もけっこう飛んでいく。猫を通院させるときの交通費をはじめ、病気に合わせて食事内容や部屋のレイアウトを一新する必要が出てくることもある。愛猫を心配するあまりストレスフルになれば、飼い主だって甘いもののひとつも食べたくなるはずだ。いや、精神衛生上はむしろ食べたほうがいい。

できれば、数十万円程度のまとまった金額を猫用に準備しておき、さらに月々少しずつでも猫貯金をしたい。月に一万円では後々足りなくなるかもしれないけれど、それでもないよりはいいし、そのぐらいは愛する猫のために頑張りたい。

やがて、猫が幸せな最期を迎えたとしよう。供養するにも数万円単位でお金がかかる。いつか〝そのとき〟が来たら、誰だってお金の心配なんかせずに、ただそばにいてゆっくりと悲しんで、感謝とともに送ってあげたいと思うはず。

だからこそ、今からちゃんと考えておくべきだと私は思う、その大切な命にかかるお金のことを。

医療費のホントのところ

たぶん、猫にかかるお金のことで、もっとも詳しく知りたいのは医療費についてだろう。私もタンゴを病院に連れていくときはいつも、診察後に受け取る請求書の数字を見積もらずにはいられない（だいたい多めに想像して最初からビビっている）。インターネットの質問サイトにも、どんな病気にいくらかかるのか、どんな検査に、どんな処置にどれだけ必要なのか、医療費についての問いかけが数え切れないほどある。

どうして、みんなが知りたがるのか。

それは、動物病院はすべて自由診療（公的医療保険制度がない）にあたり、診療費の基準が定められていないからだ。要するに、病院それぞれで料金を決めることができる。だったら統一すればいいじゃない！　と私のような素人は思うのだけれど、公正取引委員会が独占禁止法に基づいて、料金の基準を定めないように指導しているのだという。

調べてみると、そもそも基準を作ること自体が難しいのだそうだ。

なにしろ、動物病院ではいろいろな動物を診ている。それぞれ年齢もからだの大きさも病状も違うので、たとえ同じ病気でも治療の方法やかかる時間はけっして同じではない。さらに地域の地価や物価にも多少なりとも左右されるだろうし、その病院がどんな医療機器を取り揃えているか、何人のスタッフを抱えているかということなども料金を決める要素のひとつになるだろう。

確かにそう考えると、料金に透明性を求めるのは難しいことなのかもしれない。でも、でもね、やっぱりある程度は基準がわからないと、病院に連れていこうにも行けないという人がいると思うのだ。

タンゴが十歳のとき、口の中と背中に小さなイボのようなものができた。猫は〝おでき〟ができにくい動物で、できたときはそれが悪性である場合が多いというので、すぐに手術で切除してもらうことに決めた。そして、どうせ麻酔をかけるのだからと、獣医さんに歯石除去を同時にすることを勧められたので、それもお願いすることにした。もちろん料金のことが気になった。去勢手術を除けば、これまで麻酔をかけたことすらないので、まるで予想がつかなかった。

「おいくらぐらい用意したらいいでしょうか？」

と、恥を忍んで聞いてみれば、先生は案外あっさりと答えてくれた。

「だいたい五万円ぐらい見ておいてもらえれば、お釣りが来ると思います」

実際に、手術、検査、薬など全部合わせて約五万円弱だった。私の財布には痛い金額であったことには違いないけれど、事前に教えてもらっていたのですんなりとお支払い。病理検査の結果も、おできは良性だったので問題なかった。


だから気になる場合は、病院に行く前や、診察前に、獣医さんや看護師さんに直接たずねてみるといい。

ワクチンや血液検査なら、決まった金額を提示してくれるはずだし、検査や処置が必要な場合には獣医さんが必ず「レントゲンを撮ります」「エコー検査をします」「注射をしま

す」などと伝えてくれるので、その際にいくら必要かを聞くといい。それが恥ずかしいと感じる人もいるだろうけれど、その検査や処置が本当に必要かどうかを判断するのは最終的には飼い主なのだから、堂々と金額を確認すればいいのだ。

今は支払い方法の選択肢も増えていて、クレジットカードが使える病院がほとんどだし、分割払いができるところもあるのだとか。タンゴのかかりつけの病院は、現金で支払うと五パーセント割引になるので、私は当然いつも現金払い。

もし診療費をたずねて、目安の金額すら提示してくれない病院があったなら、そこには行かないほうがいいかもしれない。もちろん、手術なら開腹してみないとわからないこともあるだろうし、治療中にほかの病気が見つかったりして、想定外のことが起こらないとも限らないだろう。でも、それならそれできちんと説明してくれる病院なり獣医師なりが、やっぱり信頼できる。例えば、近所にいくつか動物病院があるなら、三種混合ワクチンや血液検査などの料金を問い合わせて、比較検討した上で自分の納得がいく病院を選ぶのがいいと思う。

私が知っている亡くなった猫たちの中には、壮絶な治療をおこなった子も少なくない。いざ目の前に消えかかった愛する命の火があれば、それをなんとか持ち直そうとするのが飼い主の性だ。

ある猫は、抗がん剤治療を何週間も続けた。

ある猫は、大手術をして、長期入院をした。

ある猫は、飼い主が毎日、家で点滴をした。

それでも、みんな愛猫のためにベストを尽くしたので、何十万円にもおよんだであろう出費は、おそらくもったいなくはなかっただろう。

十二歳の猫に、日本で数例しかないという大手術を受けさせた友人は、その子が亡くなったあと、こう言っていた。

「手術してから半年生きたってことは、人間で言うと寿命が二年延びたということだから、私は手術を選択してよかったと思っている」

そんな風に思えたなら、彼女が選択したことのすべては正しかったのだと思う。

ただ、みんながみんな、その選択をできるとは限らない。飼い主の経済状況によって治療の範囲が決まるのが、悲しいかな現実だ。

私は個人的に、最低限必要な治療を受けさせることができない経済状態であれば、猫を飼うべきではないと思っている。でも、猫がどんな病気にかかるかわからないし、どんな治療方針を持った獣医師に出会うかもわからない。人間だって、みんながみんな保険適用外の先進医療を受けられるわけではないことは公然たる事実であって、それは猫にも当てはまると思うのだ。命が繋がる確率が高いと言われても、例えば一度に百万円を超えるような医療費を用意するのは、一般市民にはやはり難しい。

「その治療は受けられません」

そう言える勇気も、飼い主にはきっと必要だ。それはけっして悪いことではない。ただ、もし愛猫がまだ老猫と呼べるまでの年齢に至っておらず、将来に最善の治療を選択できないせつなさを回避したいのであれば、やはりペット保険に加入しておくのがいいだろう。

実際、愛猫の医療費にたくさんのお金をつぎ込んだ友人たちが口を揃えて言うのは、「保険に入っておけばよかった！」だった。

どうする⁉ 老猫のペット保険

ペット保険の種類は主に二つ。

◉終身保険（生涯ずっと契約更新し続けられる）
◉少額短期保険（更新年齢に限りがある）

終身保険の中には、成猫期と老猫期で保険料が二段階に設定されているものなどがあるが、保険各社とも年齢とともに保険料が上がっていく商品が主流だ。

補償額は、保険適用期間内（主に一年間）の上限が定められているものがほとんどで、その範囲内で治療費の五十〜八十パーセント（商品の内容による）が補償される。手術一時金や、入院給付金などが別途支払われる商品もある。

保険には入っておいたほうがいい！

タンゴは保険に加入していない。過去に加入していたこともない。私がペット保険なるものの存在を知ったのは、タンゴが七歳を過ぎてからだった。それまで、将来の入院治療費などについて考えたことはほとんどなかった。たまに具合が悪くなって病院へ行き、検査と治療で数万円の医療費を請求されても、幸いにして繰り返しの通院が必要となる疾患に縁がなかったので、「やっぱり高いなぁ」という当たり前の感想を抱き、いつもそれっきりになっていた。

でも、周りの老猫たちが次々に病気にかかり、通院や入院や手術のために飼い主が青ざめている様子を目の当たりにして、やはりうちでも保険を考えようと思った。善は急げとインターネットの保険総合サイトでペット保険の資料を取り寄せ、十社ほども比較検討しただろうか。

そして出した結論は、タンゴに保険は不要だということだった。

タンゴが十歳だった当時、ペット保険に加入できるほぼ最高年齢が十歳で、毎月の掛け金が高くなるのは仕方のないことだった。月額三千円だとしても、年間三万六千円。ワクチン接種や健康診断は保険が適用されないし、補償額が治療費の八十パーセントとすると、単純に一年で四万五千円以上の治療費が必要な病気や怪我をしなければ、支払った保険料の元が取れないことになる。

保険で元を取ろうというのが、そもそも浅ましい考えだというのは重々承知だ。でも、事実タンゴはそんなに医療費を使わなかった。元気で一年過ごせる可能性も考えたら、月に三千円ずつ貯金して、必要に応じて自由に使えるようにしておくのが賢明ではないかと思ったのだ。

しかも保険料は、ごく一部の商品を除き、ずっと定額なわけではない。人間の医療保険のように、加入時の保険料が一生涯続くといった商品をつい思い浮かべてしまうけれど、ペット保険は多くの場合一年ごとに契約が更新され、そのたびに少しずつ保険料が上がっていく。これは少額短期保険（更新の年齢に上限がある）でも終身保険（生涯ずっと更新し続けられる）でも同じだ。つまり、十歳時の保険料の支払い総額が三万六千円だとしたら、翌年はそれ以上を支払うことになる。仮にタンゴがその保険に加入していたとして、実際に十歳、十一歳だった二年間と照らし合わせると、払い込んだ保険料の八割程度は文字通り掛け捨てになっていただろう。

ただ、これはタンゴが健康だったから言えることだ。この間に大きな病気をしたと仮定したらどうだろう。もしもタンゴが十歳のとき、棚の上から飛び降りて着地に失敗して骨折していたら？　腎臓病やがんにかかってい

たら？　そう考えると、保険の掛け金分なんて瞬く間に消えてしまっていたはず。へたをすると、一歳未満からの掛け金の合計すら超えていたかもしれない。そうであれば、やっぱり保険には入っておいたほうがいい！　ということになる、間違いなく。

要するに、保険とはそういうものだ。結果的に無駄になるかもしれないけれど、もしものときに備えているという安心感を私たちは買う。だから、保険に入るも入らぬも、飼い主の考え方次第だが、私は個人的に加入をおすすめしたい。安いもので構わないので、その安心を買ってほしい。加入していたら、いざというときに経済的にも精神的にもきっと助かるはず。

保険商品の内容は、治療費の五十〜八十パーセントを補償してくれるものがほとんどで、保険期間内の支払い限度額が設定されている。補償の内容によって、保険料には差が出てくる。同じ会社でもプランが二つ以上あることが多いので、愛猫の状態によって選ぶといいだろう。例えば、もともと食が細いとか、病気がちで心配だという場合は、手厚い補償の商品を選ぶのがベスト。

老猫も保険に加入できる？

正直な話、タンゴがもっと若いときに私にもっと保険の知識があったなら、いちばん安いプランにでも加入していたと思う。悲しいかな、もしものときを現実的に考えられるようになるのは、いつだってそのときがぐっと近づいてからだ。タンゴが十六歳になって、今後かかるかもしれない治療費のことを考えると、飼い主の気分は果てしなくどんより。とはいえ、今から加入できる保険はほぼないので、私にできるのは地道にタンゴ貯金をすることだけだ。

調べてみたところ、現在、十二歳以上の老猫が加入できる保険は少ないながらも存在する。その中から二社を取り上げてみたい。ひとつは少額短期保険Ａ社で、ひとつは終身保険Ｂ社だ。

１４３ページの表Ｂを見ていただくとわかる通り、短期保険のＡ社は月々の保険料が安く抑えられている。ただし補償は十八歳になる直前まで。愛猫に長生きしてもらうことを前提にすれば、十二歳までＡ社で更新し続けて、十三歳から終身補償のＢ社に乗り換えるというのも選択肢のひとつだろう。

仮に、Ｂ社に十三歳で加入、二十歳まで生きるとすると、生涯の支払い金額は年払いの場合で約十八万円（十三歳時の保険料＋十四歳以降の保険料×七年分）。けっこうな金額ではあるけれど、私の皮膚感覚で言うならば、老猫の持病にはとかくお金がかかる。持病のある猫が二十歳までに必要とする医療費は、おそらく保険の補償額を超えるはずだ。加入しておいてきっと損はないし、もし支払った保険料がすべて無駄になってしまうとしても、それは飼い主がもっとも望んでいることだろう。愛猫が健康なまま天寿をまっとうしてくれることほど、うれしいことはないのだから。

ただ、ペット保険に加入したからといって、安心しきってはいけない。

保険は医療費の全額を補償してくれるわけではなく、A社の場合は八十パーセント、B社の場合は五十パーセントだ(七十パーセント補償のプランもある)。それに一年間の保険期間内の限度額が五十万円なので、それを超える医療費は当然飼い主の懐から出ていくことになる。

例えばタンゴがB社に加入していたとして、この一年で六十万円の医療費がかかったとする。補償金額は五十パーセントなので三十万円。残りの三十万円は私が支払わなければならない。ああ、大変だ。そうならないために、補償が手厚いプランへの加入を検討するもよし、コツコツと貯金をするもよし。

いずれにしろ、老猫はお金がかかる。

可能なら、とにかく保険には加入しておいたほうがいい。

表B

いちばん安いプランで比較!!		
	A社（少額短期保険）	B社（終身保険）
加入可能上限年齢	16歳11ヶ月	満13歳
保険期間	1年	1年
補償期間	17歳11ヶ月	終身
保険金の支払割合	80％	50％
保険期間（1年）の支払限度額	50万円	50万円
傷病1回あたりの支払限度額	25万円	制限なし
傷病1回あたりの支払回数	制限なし	制限なし
その他	傷病1回あたりの免責金額→2万円	
12歳時の保険料	月払 1,680円（×12ヶ月） 年払 19,220円	月払 2,390円（×12ヶ月） 年払 26,110円
14歳時の保険料	月払 1,760円（×12ヶ月） 年払 20,100円	月払 2,020円（×12ヶ月） 年払 22,060円
16歳時の保険料	月払 1,860円（×12ヶ月） 年払 21,260円	14歳～終身 保険料変わらず （2014.10現在）

第五章
老猫と歩けば

獣医さんと仲よくしよう

老猫と暮らすなかで、これまで以上に大切に思うようになった人がいる。タンゴのオシッコやウンチを汚いと思うことなく、子猫時代と変わらずかわいがってくれる友人と、そして近所の頼れる獣医さんだ。

人間の世界では一生付き合える医師と出会うことは難しいと言われているが、猫の世界もまた同様。今やペット大国となった日本には、農林水産省の資料によれば、二〇一四年時点でゆうに一万を超える動物病院があって、その数は年々増えているという。とくに都市部では二次診療に特化した専門病院や、高度医療を提供する大学病院や医療センター、二十四時間救急なども充実している。私が暮らす東京・世田谷区は、全国的に見ても動物病院の数が多い地域なのだそうだ。徒歩圏内ならいざ知らず、通院に車を使おうと考えれば選択肢は数限りない。

まずは、かかりつけ医となる一次診療の動物病院を決めておきたい。

最初に譲れない条件を考えてみる。もちろん、しかるべき医療を提供してもらえるということを大前提として、私の場合は以下の条件が加わる。

①自宅から近いこと

猫は突然、体調を崩す。何かあったとき、すぐに駆け込める場所に病院があるのが望ましい。

②先生がやさしいこと

猫が病気のときは、猫以上に飼い主（の心）が弱っている。きついことを言われるとすぐ心が折れる。逆ギレしてしまう可能性もある。

③説明が丁寧で疑問に快く答えてくれること

こちらは獣医学の素人なので、医学的な説明を噛み砕いてくれる先生は、飼い主の立場になってくれるいい人に違いない。また、私は職業柄、納得のいく回答を得られるまで質

問を繰り返してしまう傾向があり、丁寧に答えてもらえると単純にうれしい。

④予約診療が基本で、待ち時間が短いこと

猫は病院がきらい。飼い主は待つのがきらい。

⑤院内が清潔なこと

たくさんの動物が出入りするのだから、これは基本中の基本。以前かかっていた病院では、タンゴが去勢手術を終えて帰ってきたとき、今まではいなかったノミが一緒についてきた。ノミ取りのためのさらなる出費を余儀なくされた上に、家中がノミの死骸だらけになった。どう考えてもあの病院は受け入れ難い（まだ根に持っている）。

⑥明朗会計であること

これは当然のこと。提示された金額が、提供された医療の質とサービスの対価として高いか安いかは、飼い主が判断すればいい。

さて、以上のような自分なりの条件をもとに動物病院を探してみるとしよう。各病院のホームページを見れば、院内の様子や、医療設備について詳しく載っている場合もあるし、最近は口コミというのも参考資料のひとつになる。

でも、先生がどんな人かは会ってみないとわからない。医療の質も、病院の混み具合も、実際に足を運んでみなければわからない。

つまり、病院選びに近道なし！

老猫にはすでにかかりつけの獣医さんがいる場合も多いだろうけれど、これから新たに開拓する必要がある場合は、猫が元気なうちに病院選びを始めたい。ワクチン接種でも、健康診断でもいいので、まずはめぼしい病院を訪れてみることだ。

飼い主それぞれの性格が違うように、獣医さんも十人十色。多少厳しくても物言いが的

確な先生がいいとか、フレンドリーじゃなきゃイヤだとか、とにかく猫好きであればいいとか、飼い主が求める理想の獣医師像もさまざまなので〝いい先生〟に定義はない。自分で探し求めるしか道はないのだ。私は基本的には相性がすべてだと思っている。例えば医療技術が高くても、人間的に相容れない獣医さんにタンゴを委ねることは難しい。猫も飼い主の反応をちゃんと感じ取っているので、飼い主が心を開けない獣医さんには、警戒心を解かないだろうと思う。

幸い、我が家の現在のかかりつけ医は一発で決まった。今暮らす街に越してきたとき、いくつかの動物病院のデータや口コミを比較検討した上で、「ひとまずここに行ってみよう」と最初に訪れたのがベルヴェット動物病院だった。条件にぴったりだったことに加えて、最初の診察のときタンゴを抱きかかえるやいなや、院長先生が「おお〜、きみ、ガッチリしてるねぇ」とつぶやいたのだ。なんとこの先生、タンゴに話しかけたぞ!?

多くの飼い主が、たぶん深く考えていないだろう大切なことがある。深く考えないのは暗黙の了解というか、思い込みが先行してしまっていて、それ自体に気づく人がほとんどいないからだ。獣医さんは、みんな動物好きであるという思い込み。獣医さんは、みんな動物の扱いがうまいという思い込み。

獣医師だからといって、全員が動物好きとは限らない。診察時にほとんど猫を触らない先生や、扱い方が雑な先生もいると聞く。自宅でペットを飼育している獣医さんの割合がとても低いこともまた、一般的にはあまり知られていない。でも、考えてみれば、そうした獣医さんがいるのはむしろ普通のことだ。どんな業界においても、職業選択の理由が「好きだから」に尽きる人のほうが、圧倒的に少ないと思う。もちろん、ここで勘違いしてはいけないのが、動物好きではなくとも獣医学に長けた名医は存在するということ。飼い主がその獣医さんを選び、そして納得のいく治療を受けられるのであれば､何も問題はない。

あえてクールにふるまっている獣医さんもいるのだろう。以前、友人の猫が大手術を受

けたとき、病院に付き添ったことがある。そこは人間で言えば大学病院のようなところで、かかりつけ医からの紹介のみで患者を受け入れ、高度医療を提供する動物病院だった。七時間にもおよんだ手術後、猫の状態を説明するときに通された部屋は人間の病院と見紛うほどで、先生の口調はむしろ人間のそれよりも淡々としていた。大手術のあとで飼い主が動揺しているから、冷静に必要なことだけを話すほうが確かに伝わりやすいというのもあるのだろうし、例えば人間の病院のがん病棟などがそうであるように、常に死と隣り合わせの現場では、なるべく感情を排除しないと医師や看護師が心の平静を保てないのかもしれないと思った。

でも、せつなかった。その病院でしか手術ができなかったということを理解してはいても、どうにもせつなかった。重い現実を、獣医師の冷え冷えとした言葉で受け止めなければならなかった友人が、かわいそうで仕方がなかった。

愛猫の終末期を委ねることに限って考えれば、私はやっぱり飼い主の心情に寄り添ってくれる獣医さんを選びたい。例えばタンゴがこのまま老衰していって、頻繁に病院に通う日々が訪れたとき、私の脳裏にはいつやってくるかも知れない〝そのとき〟がちらついて、常にパニック状態だと思うのだ。そんなときにカルテだけを見ながら話をされたら、それがどんなに的確な診断だったとしても、冷たく突き放された気分になるに違いない。なにも先生になぐさめの言葉をかけてもらいたいわけではないし、看護師さんに手を握ってほしいわけでもない。不安で泣きそうで、これまであったはずの最期を迎える覚悟が崩れ落ちてしまうほどの動揺を、ただただ理解してもらいたいのだ。

では、そんな獣医さんをどうやって探せばいいのだろう。

答えは単純だ。同じ気持ちになったことがある先生を選べばいい。つまり、猫でも犬でもウサギやカメでも、プライベートで動物を飼っている人。動物と暮らす喜びや、失う悲しみを経験している人。獣医学的観点からでは測れないだろう、飼い主にしかわからない猫の変化も絶対にあって、だけどそれに気づく〝目〟を持っている先生じゃないと、その訴えは伝わらないと思うのだ。とはいえ、先生の胸元のネームカードに「猫三匹飼っています！」なんて書いてあるわけがないから（書いてくれればいいのに）、診察時になにげなく聞いてみるのがいいと思う。最近は院内に猫や犬がいる病院も増えているけれど、それはものの数には入れないことだ。あくまでも個人として、動物と暮らしている獣医さんを探したい。

ただし、どんなに信頼の置ける獣医さんを見つけても、病院自体が遠くにあるのでは、そこはいざというときのファーストチョイスにはならない。

猫の病気は、表面化した時点で七割がた進行しているという。飼い主が猫の不調を感じ取ったときには、すでに重篤な状態に陥っているかもしれない。また、老猫は種の本来の寿命をすでに超えている場合があるので、病気が発覚した途端に余命宣告ということにもなりかねないし、点滴などの処置のために毎日通院することになったら、やはり遠くの病院を選ぶのはリスクが大きい。

今すぐにでも扉を叩ける、近くの動物病院を見知っておくことが必要だと思う。何かあったときに向かうのはまずそこ。最初から遠くの病院に行こうとして、移動中の車の中や待合室で猫が息を引き取ろうものなら、きっと悔やんでも悔やみきれないだろう。

猫は人間の約四倍のスピードで年をとる。数ヶ月に一度の通院だって、考えてみれば少ないくらいだ。老猫になればなおさら、動物病院との付き合いは今までになく深くなるだろう。愛猫のためであることはもちろんだけれど、飼い主の心の平和のためにも、信頼できる獣医さんに、できるだけ近所で出会いたいものだ。

猫が喜ぶゴッドハンド習得術

おそらく飼い主はみんな、日常の大部分でなにげなく猫を触って過ごしている。テレビを見ながら無意識に頭を撫でていたり、肉球をぷにぷにと押してみたり。私にいたっては、パソコンに向かって仕事をしながら、気づけば足元に寝転ぶタンゴを足で撫で回していたりする。

でも、自分が猫の立場だったらどうだろう。家族が談笑しながら、無意識に私のほっぺたにぺたぺた触れたり、二の腕あたりを繰り返しつまんだりしていたら？　むやみに髪の毛をわしゃわしゃとかき乱されたら？　想像するに、うざったいことこの上ない。

さすがに猫はそこまで思わないかもしれないけれど、飼い主が一方的にからだに触れるのは文字通り〝触れ合い〟ではないし、愛情があってこそ無意識に触れるのだとしても、スキンシップとしての意味をなさないのであればもったいない。だから、その手に意識を持たせてみる。飼い主は猫に触れていることを実感しながら、猫は触れられていることを実感しながら双方向のコミュニケーションを図れば、多かれ少なかれ猫の状態がわかるはずだ。痩せてきたとか、しこりを感じるとか、ここを触られるとイヤがるとか。そうやって手のひらから得られる情報が、病気の早期発見に繋がることもある。飼い主が意識を持って触れることは、とくに老猫には健康管理上、大きなメリットがあると考えていいだろう。

〈ホリスティックマッサージ〉

ホリスティック（Holistic）とは、直訳すると〝全体的〟〝包括的〟といった意味。ホリスティックマッサージは肉体的な症状を癒すのはもちろんのこと、からだ全体のバランスを整えていくケア方法で、動物が本来持っている自然治癒力や免疫力を高める効果が期待できるのだという。

私はとある仕事をきっかけに、動物のため

のホリスティックマッサージのインストラクターでもある、キャットシッターさんに出会った。そして、自分がこれまでいかに適当に猫に触れてきたのかを思い知った。タンゴのからだをひっくり返して、そのおなかに顔をうずめてモフモフすることだけが愛あるスキンシップではないんだな。着目すべきは、そのモフモフをタンゴが喜んでいたかどうかだけれど、冷静に考えるに、大半は飼い主に嫌々付き合ってくれていたとしか思えない。今でも、時々衝動的にモフモフしてしまうのだが（悪癖だけにやめられない）、だからこそ反省の意味も込めて、日々丁寧にホリスティックマッサージをすることにしている。当のタンゴは、まんざらでもない様子だ。

①準備

マッサージをするのは、家の中で猫がいちばんリラックスできる場所。いつも寝ているベッドなどがいいけれど、可能であればベッドごとテーブルの上にのせられるとベスト。飼い主の体勢に無理がかかると長続きしないので、背筋を伸ばした状態でラクに猫に触れられる状況が理想的だ。

冬場、手が冷たくなっている場合は、事前に温めておく。短毛種、とくにヘアレスキャットのような子なら、ビニール袋に入れたホットタオルや、カイロなどで、皮膚を直接温めておくのもいいだろう。

飼い主は、猫を背中から抱えるようなポジションを取る。顔の前に顔があるという状態では猫が身構えてしまうので、正面で向き合わないこと。また、あまり気合を入れすぎないように。「さぁ、やるぞ～!」という過剰なやる気は猫にすぐ伝わってしまい、マッサージどころか触る前に逃げられてしまう危険性大だ。飼い主もゆっくり深呼吸をして、リラックスしよう。

②猫それぞれのリラックスポイントを見つける

力加減は、撫でる力よりほんのちょっと強い程度。けっしてギュウギュウ押したりしないこと。人間で言うところの〝痛キモチいい〟

という感覚は猫にはなく、一度でも痛みを感じてしまうとマッサージに拒否反応を示すようになるので、力加減には十分に気をつけたい。ただ、老猫は筋肉が薄くなっていて、軽く触れるだけで手のひらにゴツゴツと骨を感じることも。その場合は無理に押さず、皮膚を撫でるように動かすイメージで。それだけでも効果は期待できる。マッサージと名がついてはいるけれど、揉むというより、やさしくほぐす、ゆるめるという感覚がより近いと思う。

まずは頭の先から背中に向けて、流すように手を当てていく。一ヶ所に重点を置くと、猫の意識がそこに集中してしまうので、あくまでも最初は全身をくまなく、ゆっくりと。そのなかで、猫が気持ちいいところと、イヤがるところを把握していく。気持ちいいところに触れたとき、猫が押し戻してくることがある。そうなった場合は、満足するまでほぐしてあげよう。

多くの場合、首の後ろ側にリラックスポイントがあるようなので、まずはその周囲に触れて反応を見てみるといい。猫のいちばん気持ちいい場所を知って、常にそこからマッサージを始めるようにすれば、猫のほうもやがて触れられると条件反射的にスイッチが入り、一気にリラックスモードに切り替わるようになるという。たとえ触れることが苦手でも、老齢期に入ってからマッサージを始めても、少しずつ慣らしていけば大丈夫。どんな猫にも必ず気持ちいいと感じるポイントがあるので、そこをマッサージしながら、触るとイヤがる後ろ足などをケアするという方法も有効だ。

③背中〜腰

背骨に沿ってツボが集中しているので、じっくりとほぐしてあげよう。腰にはテンション（緊張）がかかっている場合が多い。このあたりには腎臓のツボがあるので、予防のためにもぜひほぐしておきたいところだが、腎疾患のある子は痛がるかもしれないので、様子を見ながら触れていくこと。ホットタオルをビニール袋に入れて腰に当てて温めてあげると、マッサージを受け入れてくれる場合も。

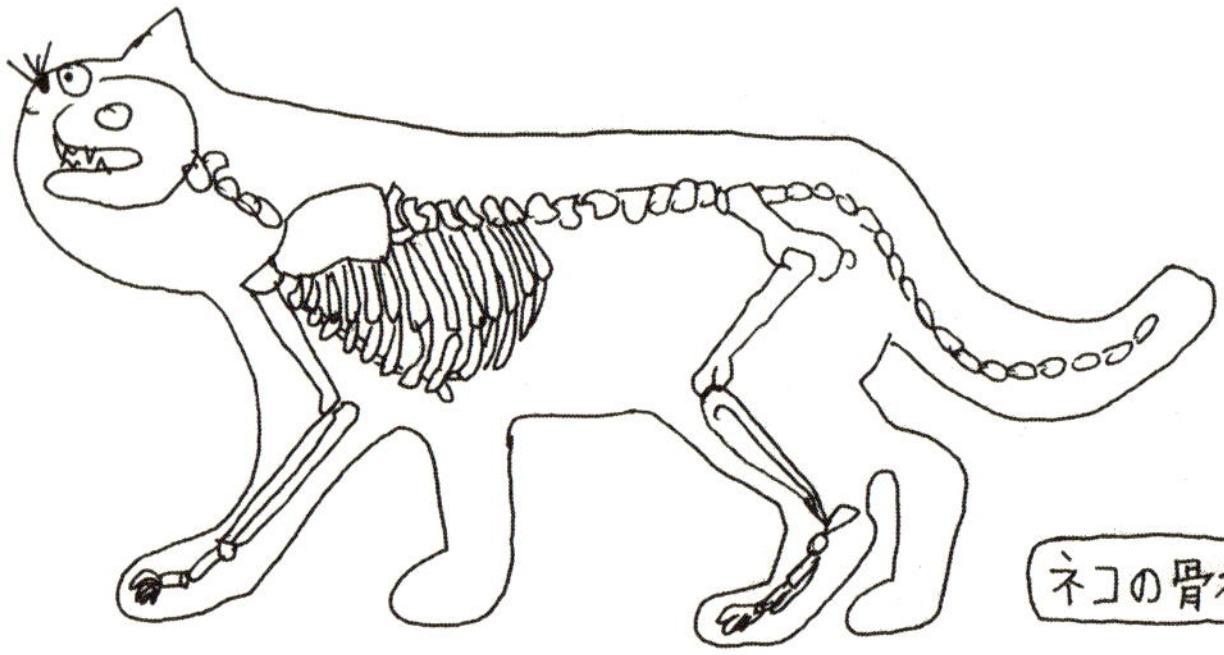

④胸〜おなか

ゴロンと寝転んでおなかを見せてくれる子なら、ぜひ胸からおなかにかけてもマッサージを。胸の周りをゆっくりと円を描くように触れると肺機能の向上に、おなかは便秘症の改善に効果的だ。おへそ（毛を掻き分けると見つけられると思うが、だいたいのところでいい）の周りを〝の〟の字にマッサージし続けると、腸のぜん動運動が促され、きっといいウンチが出るようになる。また、寒さを感じるとオシッコを我慢する猫が少なくないのだけれど、おなかをマッサージして循環を高めることで、スムーズな排尿を促す効果も期待できる。

⑤後ろ足

猫が横向きに寝てくれるなら、ぜひ後ろ足

を念入りに。普段あまり触らない腿の内側も含めて、脚の付け根から足先まで指の腹を使ってやさしく触れてみる。被毛がパサついている箇所があればそこは流れが滞っている証拠なので、まずは全体をほぐすようにマッサージ。膝からかかとにかけての裏側には、からだ全体の水分バランスや、ホルモンバランスを調整するツボが集中している。オシッコの出をよくしたり、尿漏れを軽減させる効果が期待できるので、膝の裏は指先で円を描くように、アキレス腱にあたる部分は上下にさするように、しっかりとマッサージ。

人間と同様に、足の裏にもツボが集中している。肉球の大きいパッドのほうには腎臓のツボがあるので丁寧に。できれば、指先の肉球の一つひとつも軽く揉んでおきたい。猫がイヤがるようであれば、最初は手のひらで足先を包むように触るだけでも構わない。肉球に触れられることに次第に慣れていけば、例えば爪切りが苦手な子も爪を出してくれるようになる。

後ろ足を触られることを嫌う猫は思いのほか多いのだが、それはただ単に慣れていないだけ。普段、抱っこしているときにさりげなく触れて、少しずつ慣らしていくといい。また、採血が必要なときはだいたい後ろ足から採るので、老齢期に通院の必要性が高まることを考えると、早めに慣らしておいたほうがいいだろう。触られることに抵抗がなくなれば、そのぶんのストレスも生じないからだ。

⑥腕の付け根

脇にあたる部分がツボ。指先でつまんでやるだけで、気持ちよさそうにする猫は多い。とりわけ、太っている猫が大好きなポイントだという。基本的には、自分でグルーミングができない場所が猫にとって気持ちいいとされている。

⑦顔

顔にはリラックスポイントがたくさん。最初は抵抗しても、やさしく撫でるように触れて徐々に慣らしてあげたい。とくに目の周りにリラックスポイントを見つけておくと、目やにを拭き取ったり、点眼が必要になった場合もスムーズ。猫にかかる負担も少なくて済む。

口先から口角に向かってのマッサージは、猫の情緒を安定させる効果がある。円を描くようにしながら軽く触れてあげるのがいい。口元に触れられることに慣れると、やがて口の中に指を入れてもさほど抵抗しなくなる場合も。そうなれば、歯みがきなどの口腔ケアや、薬を飲ませることもラクになる。

なお、鼻のてっぺんをポチッと押すと食欲がアップすると言われている。食が細くなっている老猫には絶好だ。全身マッサージの仕上げにポチッと押して、おいしいごはんを用意してあげよう。

⑧耳

耳も人間同様、ツボが集中している場所だ。触れているだけでも全身の免疫力がアップする。ここの力加減は、よりやさしく（後述のテリントンTタッチを参考に）。耳の前の少しへこんでいるところはまさにツボで、老猫の耳が遠くなってきたときにも有効だ。また、耳全体を手のひらで包むようにつかんで、付け根の部分をゆっくり回すのも効果が高い。なかには、付け根が固くなって動かしにくい

子もいるので、その場合は焦らずゆっくりほぐしてあげること。

猫のサインを見逃すな

ホリスティックマッサージには、一度に全身をくまなくマッサージしなければならないとか、何分やらなければいけないとか、そういった決まりは一切ない。ただ、筋肉にアプローチするマッサージなので、一日にごく短時間でも継続させると、おそらく数ヶ月後には老猫の様子がずいぶん違ってくるはずだ。動かしにくかった部分が改善されて元気になるだろうし、多少なりとも免疫力が上がってからだ全体が活性化してくると思う。

　継続するためには、まずは何より猫にマッサージを好きになってもらうこと。だから、

猫がちょっとでもイヤがる様子を見せたら、すぐに中止。注意して見るべきポイントは三つ。

①耳

俗に言う〝イカ耳〟（耳が横向きに伏せられる）状態になったら、おそらくそのマッサージ箇所が気に入らないのだ。すぐに手を離すこと。もしかしたら痛みを感じているかもしれないので、原因を探ったほうがいいかもしれない。

②シッポ

猫のシッポは案外雄弁だ。シッポの先が神経質にパタパタと動いたら、その状況に苛立ち始めている証拠。マッサージはそこでいったん切り上げたほうが無難。

③振り返る

猫が不意に首を後ろに向けて飼い主の顔を見たら、明らかに「もうけっこうです」のサイン。素直に受け入れること。

もし、マッサージの途中で、猫が噛みついてきたり、ネコキックしたり、逃げ出したりすることがあれば、それは飼い主が何らかのサインを見逃してしまったからだと考えられる。猫はいつなんどきも、けっして突発的に行動しているわけではないからね。

マッサージでストレスに勝つ

飼い主が猫のリラックスポイントを知っていれば、例えば病院の待合室で緊張が高まっているとき、そこに触れてやるだけで猫はリラックスできる。いわゆる〝病院ストレス〟が強く出る子は、血液検査をしても血糖値が異常に上がってしまったりして正確な数値を測れないことが多いので、採血の前にできるだけリラックスさせてあげたい。過剰なスト

レスにさらさないことで、病院帰りのぐったり感も軽減できるはずだ。

もちろん、病院に出かける前に軽くマッサージをすれば、移動中もずいぶん落ち着いていられるだろう。また、お風呂に入れる前や爪を切る前など、猫の緊張の高まりを見越して事前にマッサージをしておくのも有効。

何より、猫がリラックスしていれば、飼い主も必然的に安心感を覚える。互いに穏やかな気持ちになれるというのが、ホリスティックマッサージのもうひとつの効果だ。

〈テリントンTタッチ〉

テリントンTタッチは日本ではまだあまり知られてはいないが、一九八三年に動物専門家であるリンダ・テリントン・ジョーンズによって開発された、アニマルケアのメソッドだ。アメリカではすでに大学や研究機関で科学的に検証され、その効果が認められている。デリケートな馬のケアに用いられたことから始まったもので、人間を含めたすべての動物に有効なのだという。

理論としては、手を触れて皮膚と筋肉の間の細胞を刺激することで、普段使われていない脳への神経回路を活性化させるというもの。と、言葉にすればなんだか難しいけれど、簡単に言えば、動物が本来持つ力を呼び覚ますきっかけになりえるものだ。細胞レベルで活性化を図ることで自然治癒力が高まる期待も持てるので、身体能力が衰えた老猫にはもってこい。ストレスやトラウマの軽減に役立つとも言われており、保護動物のケアにも広く用いられているという。

前述のキャットシッターさんは、何人ものシッターに世話を断られ、飼い主さえもお手上げ状態だった暴れん坊の猫に、根気強くTタッチを繰り返してついに懐柔した。問題行動の多い動物ほど効果が現れやすいそうだ。確かに、Tタッチの講習会に行くと、さまざまな問題を抱えたペットがたくさん参加している。

本来の力を呼び覚ます、細胞に語りかける、

しかもそれが手を触れるだけで実現できるなどと言えば、ちょっと現実味に乏しいように感じてしまう人もいるかもしれない。でも、実際に科学的検証がなされていて、効果が認められていて、動物とコミュニケーションを取る手段として利用されているメソッドだ。医療ではカバーできない部分を補うケア方法のひとつとして、ホリスティックマッサージ同様にTタッチも覚えておくと、後々きっと愛猫と飼い主の役に立つだろう。

①準備

特別な準備は一切必要ない。飼い主が呼吸を整えて、まずはリラックス。猫は寝ていてもいいし、座っていてもいいし、抱っこで甘えている状態でもかまわない。どんな体勢で

も、猫が気持ちよければオッケーだ。ただし、ホリスティックマッサージ同様、飼い主が気合を入れすぎると猫が拒絶反応を示すので、さりげなくおこなうこと。

②力加減について

　求められるのは、ごく軽い力加減。自分の腕に手のひらを当てて、手の重さだけで皮膚の下（皮膚と筋肉の間、皮下脂肪にアプローチするイメージ）に力を伝えられるくらいの力加減が理想的だ。指先を使う場合は、指の腹で自分のまぶたにそっと触れて、眼球を感じる程度の軽い圧力が望ましい。人の手が触れると敏感に反応してしまうような猫には、手の甲を使っても。接触面がより軽くなるので、刺激を軽減できる。

③基本のタッチの仕方

まず、手のひらを猫の皮膚にぴったりと密着させる（手のひらが吸盤になるイメージ）。被毛があるので皮膚そのものは感じないだろうが、毛を動かせば自動的に皮膚も動くので、そこはあまり神経質にならなくていい。そして、その密着させた状態のまま時計回りに一と四分の一周、二秒ぐらいかけて回す。これが基本のTタッチだ。このとき手が被毛の上を滑らないように気をつけること。

完璧な円を描く必要はなく、回数に決まりもなく、また、両手でやろうが片手でやろうが問題はなく、からだの左右の回数がバラバラでもかまわない。猫が受け入れてくれる場所、回数から始めるといい。連続してタッチするときは、円を描いたら手を次の場所へス

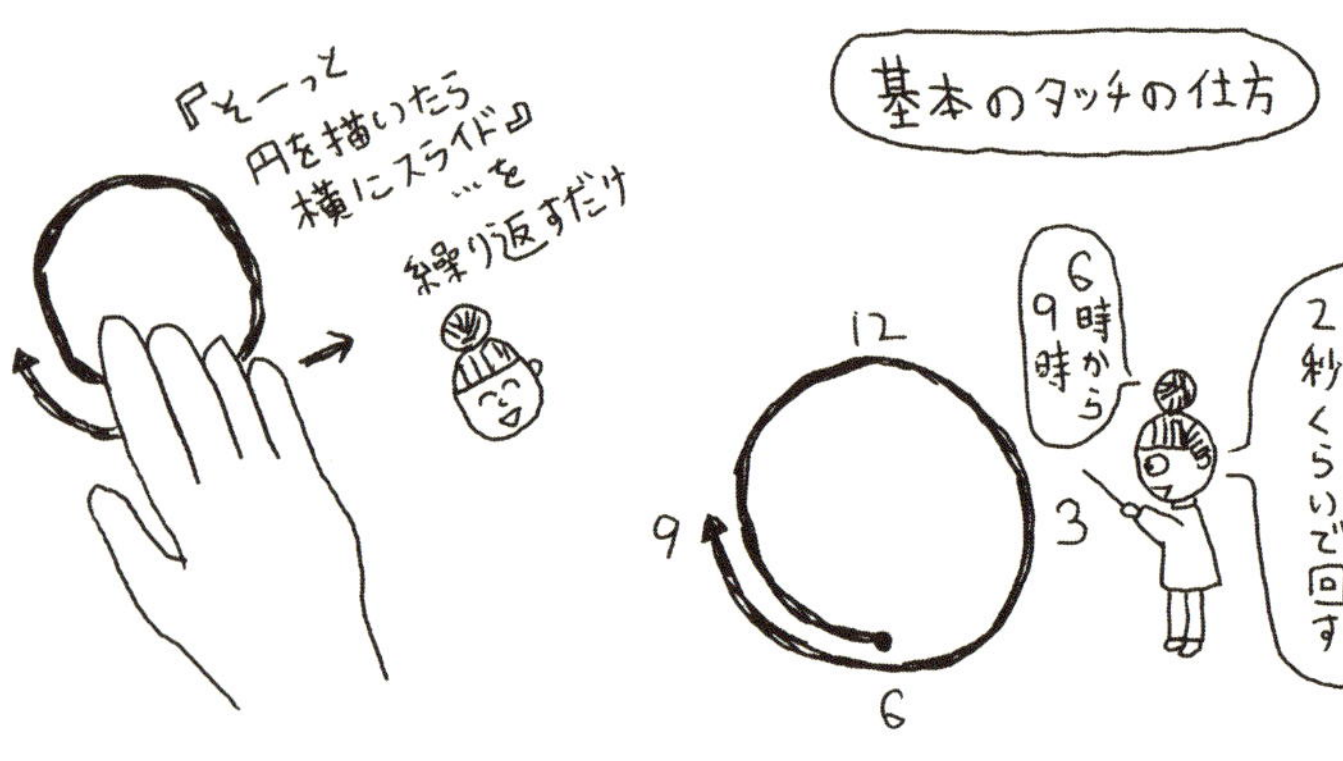

ライド、円を描いたらスライド、と繰り返すだけ。

やり方はとても簡単だけれど、これだけでも神経を通じて脳にメッセージが伝達されている。その情報を定着させるために、Tタッチをしたあとは猫を休ませるのがいいのだという。もちろん、Tタッチ自体が猫を疲れさせるようなことはないので、毎日やっても問題はない。

④イヤーワーク

耳のケアに関しては、ホリスティックマッサージにおいてもTタッチのメソッドに準じている部分が多い。耳には人間同様にツボが集中しているので、タッチすることで免疫機能や神経系の機能をアップする効果が期待で

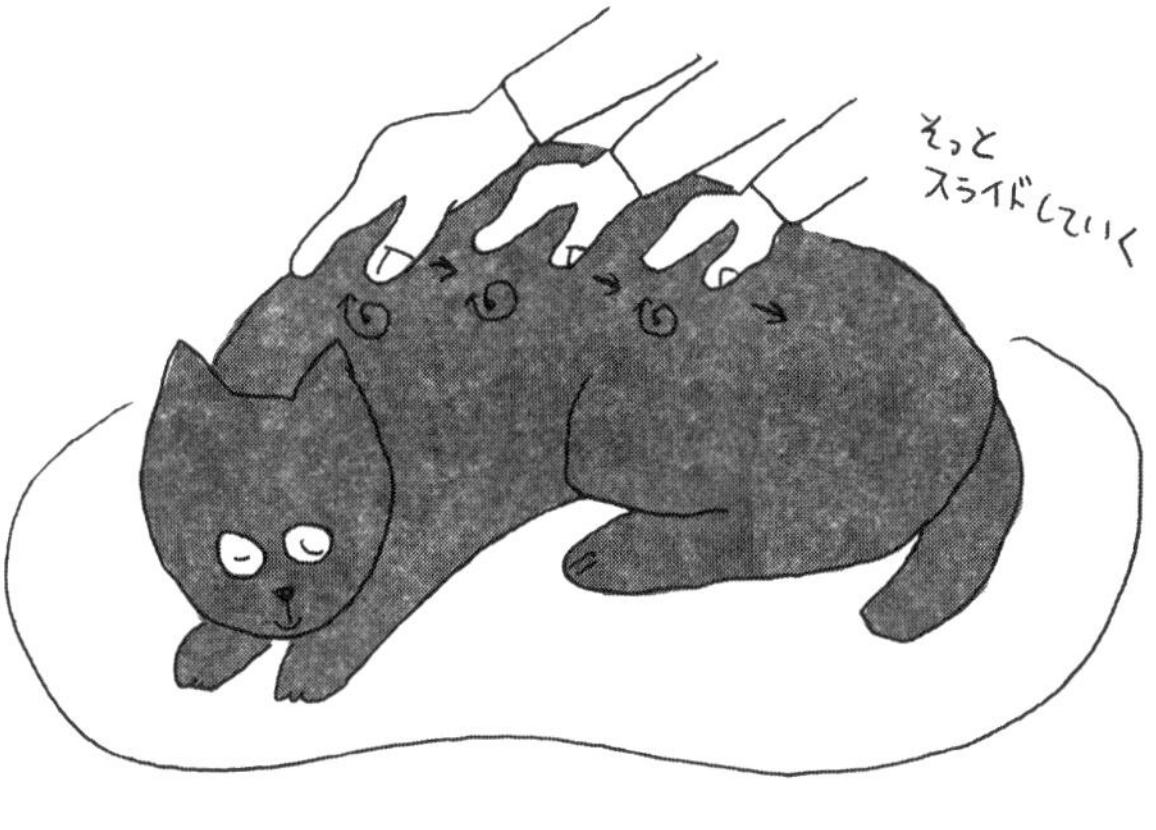

きる。ただし、からだのほかの部分とは構造が違い、よりデリケートなので、力加減は撫でるくらいの感覚で十分だ。

まずは基本のタッチ。親指と人差し指で耳を挟むようにして、耳の付け根から先端へとゆっくり動かす。それから、親指で円を描く。我が家のタンゴはこれをやるとすぐにゴロゴロと喉を鳴らすので、きっと気持ちいいのだろう。事実、耳をタッチすることでリラックス効果が生まれ、なおかつ循環機能が高まることも期待できるそうだ。

緊急時にこそTタッチを

例えば急に猫の具合が悪くなって、車で動物病院へ向かうとしよう。その移動中にもイヤーワークは効果的だ。猫の耳を親指と人差

し指で挟み、付け根から先端を通常より若干圧力をかけ、スピードをちょっと速めてタッチする。すると循環がよくなってバイタルサインが上がったり、体温が上昇したりするので、病院に着いてすぐに処置をおこなうことが可能になる。ただ、正確な検査結果を得られなくなる場合もあるので、診察直前にはイヤーワークはやめたほうがよく、また、病院までの道中にTタッチをおこなったことを医師に伝えることも忘れずに。

緊急時のTタッチは、飼い主のためでもある。だって心配でただオロオロするより、やるべきことがあったほうが精神的にきっとラク。焦っているときほど意識的に呼吸を整えてタッチすることで、気持ちがずいぶん落ち着くはずだ。

私もタンゴの様子がおかしいなと思うと、すかさずTタッチをする。目に見えて元気になったり、即効性があるわけではないけれど、まさしく〝やるべきことがある〟という事実が、想像する以上に私の救いになる。なるほど、Tタッチは〝細胞と細胞のコミュニケーション〟と言われているもの。猫にタッチすることで、飼い主にもまた同様の効果がもたらされるのだそうだ。

病気になる前になんとかしたい

繰り返しになるけれど、猫の病気が表面化するときは、すでに七割がた病状が進んでしまった状態だと言われている。一見、大したことはなさそうでも、そこに重篤な病気が潜んでいるかもしれない。老猫に関しては、基本的に〝様子見〟はしないほうが賢明だと思うし、気になったら獣医さんに即相談ということを念頭に置いておきたい。

その上で、病院に行くほどでもないという症状について、ちょっと考えてみる。

口臭にはわけがある

猫のあくびはかわいい。「ふぁああ〜う」と声を出すところもとびきりかわいい。でも、抱っこしているときに顔の前でタンゴが大きく口を開けると、私は思わず息を止めてしまう。猫の息は、もともと生ぐさいというか、ちょっと魚くさい。タンゴの場合は、それが加齢とともにどんどんひどくなった。十歳のときにたまたま手術で麻酔をかけることになったので（背中と口の中にできた〝おでき〟を取った）、ついでに歯石除去の処置も受けることにした。その途端、タンゴのお口から吐き出されるのはクリーンな息のみ。私はそこではじめて、歯石除去の効果を知った。

本当なら、猫も歯みがきをしたほうがいい

のだという。でも、私がその必要性を認識したときはすでにタンゴは立派な成猫で、飼い主がおもむろに口に異物を突っ込もうものなら、反射的にガブリ！　である。猫用が通用しないのならばと、人間の赤ちゃん用の柔らかい歯ブラシを何種類も買って、何度となくトライしてみたものの、やはりすべて門前払いだった。麻のような素材でできた指サック型のものを使ったこともあるけれど、上の犬歯を一本撫でただけでガブリ！　全戦全敗だ。かくして私はタンゴの歯みがきをあきらめた。

十六歳になる今は、からだの動きが鈍くなっているせいもあって、無理やりではあるもののお口のチェックをさせてくれるようにはなった。ただ、鈍くなったぶん抑えが利か

ないのと、たぶん目がよく見えていないせいで、口の中に入っているのが私の指だと認識していないのかもしれない。最近はとくに甘嚙みができなくなって、気に入らないともれなく飼い主の指を本気で嚙む。穴が開いて、出血して、腫れて、痺れて、リンパ節まで炎症が広がってしまい、哀れな飼い主はいつも病院行きだ。

猫に歯みがきをさせるには、小さい頃から慣らしておく以外にきっと方法はないのだろう。口内細菌のバランスを調整する類いのサプリメントや、みがく必要のないジェル状の歯みがきなども市販されているので、利用してみるのもひとつの手だ。かかりつけの獣医さんによれば、最近になってスプレー式の歯石除去剤が論文で発表されたのだとか。早く実用化されればいいのにね。

しかし老猫に、新薬の開発を悠長に待っている時間はない。いざとなったら、やっぱり獣医さんに口腔内をチェックしてもらうに限る。口臭が強いのだとすれば、歯石がどれほどたまっているのか、ちゃんと診てもらったほうがいい。

たかが歯石とあなどってはいけない。やがて歯周病になり、炎症が起こると、結果的に腎臓にダメージが出てくる場合があるからだ。猫の場合は一大事。老猫ならなおさらのことだ。

ただ、歯石除去をするとなると、また新たな問題が出てくる。全身麻酔が必要になるからだ。これが老猫にはかなりの負担。高齢だからというよりは、病気があったり、どこかに痛みがあったりと、健康状態がかんばしくない場合が多いため麻酔の使用が難しくなるのだという。さらに、麻酔の技術も獣医さんによってまちまちで、うまくいかないと腎臓に負担がかかるのだとか。だから正直に不安を告げて、それでもなお「大丈夫ですよ」と言ってくれる獣医さんに処置をお願いしたい。

では、麻酔をかけられない老猫はどうするか。これは獣医さんの意見をあおぐことが先決だが、最終的には自然に歯が抜け落ちるのを待つしかないようだ。痛みがある場合も、抗生剤などを投与しながら、なるべく猫に負担をかけないように処置をすることになる。

とにかく口臭が気になったり、歯がぐらついているのを発見したら、ひとまず獣医さんに相談すること。

そこまで気にならない場合は、できる限りの口腔ケアを日常的にしておきたい。前述のサプリメントなどを使用するのもいいし、硬いものを噛ませるのもいい。犬用のおやつに〝アキレスジャーキー〟という文字通り馬や牛のアキレス腱を使った硬い干し肉があって、その手のものを猫が齧れるならベストなのだが、多くの老猫はたぶん見向きもしないだろう。本当なら、ステーキ肉を嚙めるぐらいが理想的なのだそうだ。これはさすがに子猫のときから嚙む練習をしていないと難しそうだが、生ものを食べられるようにしておくに越したことはないので、薄切り牛肉や刺身ぐらいから試してみるといいかもしれない。

便秘を治したい

老猫は、往々にして便秘がちだ。

とくに日本猫が便秘になりやすいという。ジャパニーズボブテイルと呼ばれるシッポの短い猫は、通常七つあるはずの腰椎が六つしかない場合が多く、どうしても腸管の動きが

鈍くなるそうだ。

タンゴは、何世代前かはわからないけれど、どこかで洋猫の血が混じったに違いない風貌で、シッポも比較的長め。確かに、ひどい便秘で苦しむ猫たちに比べたら、タンゴのウンチの悩みなんて、そう深刻なものではない気がする。

そもそもうちの黒猫は、毛繕いしておなかにたまった毛を毛玉にして吐くことなく、ウンチに混ぜて排出するという、素晴らしいウンチ力を持った猫だった。子猫時代ですら下痢のひとつもしたことがなく、かといってコロコロウンチでもなく、いつもほどよい状態のものがトイレに転がっていた。

しかし、そんなタンゴも年老いて、運動量が減り、腸のぜん動運動が低下してきたのだろう。十三歳ぐらいから、明らかに便秘がちになった。トイレで頑張って踏ん張るものの、ほんのちょっとしか出なかったり、二日に一度どっさり出してみたり、年齢とともに排便のリズムが乱れていった。

タンゴは健康で、直近の血液検査でも何も問題がないので、便秘がほかの病気に起因しているとは考えにくい。となると、改善するには飼い主の努力がすべてだ。なにしろ、たかが便秘と片づけるわけにはいかない。人間だって猫だって、出すべきものが出せないのはつらい。

何事も、まずは基本から。フードを変えてみること、水分摂取量を増やすこと、そして運動すること。

実際、これでタンゴの便秘はかなり改善した。やはり効果てきめんなのはフードを変えることだった。もちろん猫それぞれに嗜好や便秘の状態が違うので、数週間ごとにローテーションしながら、いろいろ試してみるといいだろう。多くの場合は、繊維質や乳酸菌などが有効だ。パッケージに記載された成分を確かめてから買うといい。ただし、タンゴがシニア用フードに切り替えたとき、突如としてえずくようになった原因は、食物繊維の含有量の多さだった。便秘と聞くと、つい繊維質を摂ることを考えてしまうけれど、それは必ずしもすべての猫に有効ではないということだ。

水分摂取量を増やすことが可能であれば、これもかなり効くと思う。タンゴの場合、最近はぬるま湯を一日に数回、口元まで器を運んで飲ませ、加えてシリンジで飲ませることもあるので、必要量は摂っている。ただ、自分で水を飲むほとんどの猫は、飼い主の思い通りにはきっと飲んでくれないだろう。その際は、ウェットフードを食事に取り入れてみたり、フードにぬるま湯を足してスープ状にしてみたりと、工夫してみるといい。

インターネットで検索すると、たくさんの飼い主たちが愛猫の便秘解消のために試行錯誤しているのがわかる。そこには、工夫を重ねたぶんだけのアイデアがあふれている。ただし、医学的見地に基づいていないものが大多数なので、取り入れる際は慎重に。人間用のビフィズス菌タブレットを飲ませるというのも定番なのだが、今は猫用の乳酸菌サプリが出ているので、できればそちらを使いたい。また、最近は〝ポカリスエット〟のようなスポーツ飲料を飲ませる人もいると聞く。実際、これは効果があるらしい。でも、タンゴのかかりつけの獣医さんに相談したら、やはり糖の摂取は長い目で見ると逆効果なのでやめたほうがいいとのことだった。猫はそもそも、糖質の消化吸収が苦手なのだ。

あとは運動。老猫でも、まだ身体的に元気で、おもちゃなどに興味を示す子であれば、毎日積極的に遊んであげたい。タンゴのように動きがすっかり緩慢になって、ほとんど走ることのない猫の場合は、飼い主の手によって運動状態をつくり出す。愛猫とコミュニケーションを取りながら毎日マッサージを続けることで、次第に腸のぜん動運動が促されていくはずだ。

そして、目からウロコの話。

部屋の湿度を上げることが、便秘解消と防止に繋がるのだという。猫は汗をかかない動物なので、呼吸によって体内の水分を外に排出する。空気が乾燥していると、どんどん水分が逃げてしまい、結果的にからだが渇いた状態になってしまう。そうならないために、水分補給を心がけつつ、部屋の湿度に気をつけるといいのだそうだ。季節によって、またその部屋の気密性によっても違うのだが、基本は猫の適温である室温二十八度が保てる湿度をキープするのがベスト。これなら加湿器を使えば簡単だし、曲がり角をいくつも過ぎてきた私の肌も潤って一石二鳥だ。

さて、それでもどうしても、何をやっても便秘が治らないというのなら、病気を疑ってみることになるだろう。腸の疾患や、腎不全や、がんが原因となっている可能性もなくはないので、すみやかにかかりつけの病院へ。

そして病気の疑いが晴れたら、猫には頑固極まりない便秘症であるという診断が下される。治療にはウンチを軟らかくする薬を使ったり、浣腸をしたりと選択肢はいろいろあるようなので、これも獣医さんとじっくり相談だ。

明るい老猫介護計画

測る物差しがないのであくまでもニュアンスの話だけれど、タンゴは今、〝介護〟というよりも、生活全般に〝介助〟が必要な状態だ。オシッコやウンチはちゃんと自分でするし（場所がトイレじゃないことが多いだけ）、ごはんも自力で食べて飲み込めるし（食べにくいからお皿を近づけてもらっているだけ）、椅子やベッドに上ることはできなくても、下りることはできるし（落ちているように見えるだけ）、自分でグルーミングしたいという気持ちだってある（からだが硬くてうまくいかないだけ）。これなにしろ元気なので、私自身も老猫を介護しているという感覚からはほど遠い。これが二十四時間オムツをつけて、ごはんを一口ずつ食べさせなければならなくなれば、明らかに介護状態となるのだろう。

それでも、時に激しく落ち込む。深夜まで家で仕事をしていて、どっぷりと疲れてそろそろ寝ようかというとき、片づけが面倒くさい場所、例えばラグマットの上やベッドの下などに粗相をされたら、ものすごく腹が立つ。イライラして、大声で文句を言って、すぐに掃除を始めるのだけれど、猫は不思議とそばに寄ってくる。でもオシッコで足を濡らされたらまた仕事が増えるから、近づいてくるタンゴをちょっと乱暴にそこから遠ざけてしまう。何度となくそれを繰り返す。タンゴには、オシッコを失敗したという意識がもうない。オシッコをしてすっきりした状態だし、私の気配がそばにあれば、甘えたくなるのだろう。それをわかっていながら、私は受け入れられないことが多いのだ。自分はなんて器がちっちゃい人間なんだろうと思う。つまり、タンゴが粗相したことではなく、情けない自分と対峙することでとことん落ち込んでしまう。

とはいえ、そうした状態になっても今はすぐに立ち直れるので、以前に比べればずいぶんマシになった。タンゴの粗相が本格的に始まった頃、その目がほとんど見えていないことが判明する以前の私は、毎日毎晩、まさしく途方に暮れていた。これがいつまで続くのだろうと考えても答えが出ないままで、いつも胸のところに鉛のかたまりを抱えているような感覚だった。

仕事で外に出ているときも、「今日はどこにオシッコされているんだろう」「ウンチやオシッコまみれになっていませんように」と気になって仕方がなかったし、ちょっとでも帰宅が遅くなりそうだと「カリカリをこぼすだけでちゃんと食べられていないんだろうな、かわいそうだな」と、目の前にごはんがあるのに上手に食べることができないタンゴを思って、人知れず涙していた。その頃、こんな風に思ったのを覚えている。

「ああ、人って、こうやって追いつめられていくんだろうな」

自分が完璧ではなく、また完璧である必要もないことは頭では十分わかっているのに、それでもどんどん追いつめられていく。性格的な問題も大いにあるのだろうけど、正直、これが毎日続くとなるときつい。

打開策は今のところただひとつだ。


自分ひとりで抱え込まないこと。

猫の介護には心の拠り所がない。具体的な介護の方法についてなら、かかりつけの獣医さんや、顔見知りの看護師さんに相談できるけれど、飼い主の心のSOSはなかなか共通理解を得られないこともあって、外には発信しにくい。でも、理解してもらおうなどとは期待せずに、ただ他人を頼ればいいのだと思う。「ガス抜きしたいからお願い」と猫を友人に預けたり、ペットシッターに来てもらったりして、時に猫の世話から自分を解放してみるのは悪くない。気心知れた猫好きの友人などであれば、短期間なら案外楽しみながら猫の面倒を見てくれるはずだし、ペットシッターはなにしろプロだ。

うちでお願いしているシッターさんも、トイレや食事に介助が必要なことを了承の上で、楽しそうにタンゴと接してくれている。最初に来てもらったのは、私が数日間留守にしなければならなかったときだったが、正直な話、プロとはいえ他人に預けるのは少々不安だった。でも、結果的には頼んでよかった。毎日送られてくるタンゴの画像と報告内容に、とても安心した。「私でなくても大丈夫なんだ」「私が深刻に考えていただけで、タンゴの面倒を見るのは楽しいことなんだ」。そんな風に思えたことだけで十分だったし、自分も数日間タンゴの世話から解放されてリフレッシュできた。だから、シッティング料金も高く感じなかった。

老猫はかわいい。どこがかわいいって、猫らしさを凌駕して、どんどん違う生き物みたいになっていくその様子が、せつないけれど、それゆえとても愛しい。そんな時期をただ悲しんで暮らすのは、とてももったいないこと。悲しい、かわいそう、つらい、きつい、疲れたというマイナスの感情に、かわいい、楽しい、おもしろいというポジティブなベクトルを持たせるのは、何も難しいことではない、時々他人に介入してもらうだけで十分だ。

愛猫よ、他人に慣れなさい

飼ったことのある人ならきっと誰もが知っている。一匹たりとも、同じ猫はいない。誰にでもゴロニャンな甘え上手もいれば、飼い主にさえ抱っこさせない孤高の猫もいる。

でも共通項として、猫の多くは人見知りだ。知らない人が家に来るたびに姿を隠し、シャアシャアと威嚇し、突如として攻撃を仕掛けたりする。慣れるまでにはけっこうな時間がかかるのが、いわゆる普通の猫だろう。

タンゴは、私がずっとひとりで飼ってきたので、基本的に他人には懐かなかった。でも順応性が高いというのか、あきらめが早いというのか、友人宅に預けてもタンスの裏に隠れているのはせいぜい一晩ぐらいで、あとはまるで自宅であるかのようにくつろいでいた。若いというのはそういうことなのだ。触られるのがイヤならするりと簡単に逃げることができるし、ストレスを感じてもバリバリと爪を研いだり毛繕いしたりすることで、みずからバランスを取ることができる。

しかし、老猫になるとそうはいかない。タンゴは今、誰に触られようが抱き上げられようが、高僧のごとくじっとしているのだが、それは年のせいで丸くなったからというよりも、単に抵抗するのが面倒くさいからのように見える。四年ほど前、ある事情で私が二週間ほど留守にしたとき、友人が毎日タンゴの世話をしに来てくれた。でも、三日目ぐらいから目に見えてタンゴの抜け毛が増え、数日後には見事な十円ハゲができた。イヤがる素振りを見せないから誰も気づかなかったけれど、実際は私以外の人間が毎日家に来て、しきりにからだを触っていくことでストレスがたまっていたのだと思う。

そうしたストレスが身体的な不調となって表れでもしたら大変だ。それで病院へ行く回数が増え、必然的に他人に触れられる機会が増え、へたをすれば入院なんてことにもなりかねないという、まさに負のスパイラル……想像しただけで恐ろしい。
だから自戒の念も込めて、老猫と暮らす人たちに言いたい。

猫を独り占めしないこと。

老いてから他人に慣れるのは、確かに大変かもしれない。でも、老猫だからこそ日常的に飼い主以外の人間と触れ合う機会を作りたい。懐くまではいかなくとも、家に他人が出入りすることに過敏にならない程度になれば上出来。近い将来、通院機会が増えても、他人に触れられることに慣れていれば、ストレスをずいぶん軽減できると思うのだ。

猫が他人に慣れるのは、もちろん飼い主のためでもある。人間は万能ではなく、人生は予定通りに進まない。飼い主が倒れたり、怪我をしたりといった健康上のトラブルが発生することは大いに考えられるし、事故や災害に巻き込まれないとも限らない。事実、私はタンゴが二歳のときに当時暮らしていたマンションの火災に巻き込まれ、猫もろとも焼け出され、一週間の入院を余儀なくされた（タンゴは私がキャリーケースごとタオルをかけて抱えていたので無傷だった）。

そういった突発的な事件が起こると、必然的に愛猫を他人に委ねる事態になる。タンゴは警察署に一時預かりとなり、その後パトカーで私の友人のもとへと運ばれ、病院であれこれ検査され、やがて飼い主と涙の再会を果たし、北海道の実家へと飛行機でブーン。タンゴのニャン生最大の冒険だった。その間、どれだけの知らない人に触れられたのだろう。煙にまかれて怖い思いをしたせいでビビっていたのか、面倒を見てくれた友人によれば、概ね大人しくしていたという。

そう考えると、飼い主以外の誰にも心を開かない猫は、飼い猫として生きていく上でやっぱりちょっと不利だ。

猫に人慣れさせることにともない、ぜひ移

動にも慣れさせておきたい。

病院に行くにも移動が必要だし、飼い主に何かあれば誰かのもとに行かなければならない。環境の変化に対する動揺を少しでも抑えられるようになれば、猫の負担も軽くなるはずだ。

タンゴはこれまでに、私の帰省にともなって東京―札幌間を飛行機で何往復もしている。留守中、友人やペットシッターに預けると甘え方が尋常ではなく（帰るときに後ろ髪を引かれるほどだそう）、そのくせ他人に触れられるストレスでハゲてしまうのだったら、いっそのこと連れて帰ろうと思ったのが最初だ。それでも、道中あまりに鳴き叫ぶので獣医さんに相談したら、移動直前に抗不安薬の服用を勧められた。異常な興奮状態を和らげてくれるので、飛行機を降りたときのぐったり感が軽減されるようになった。この薬は猫を眠らせるようなものではなく、単に不安や緊張を和らげるためのもの。長距離移動の際にはとても便利なので、必要な場合は獣医さんに相談してみるといい。

猫は、人間が思うよりずっと賢い。タンゴは一年ぶりに帰省したときにも、実家の部屋の配置や、自分の居場所、トイレの場所までちゃんと覚えていた。しかも、もともと副交感神経の支配が強い動物なので、リラックスモードに持っていく力が強い。

ちょっとやそっとストレスがかかって交感神経が活性化しても、すぐに落ち着くことができるのだ。時には猫のそのタフさに期待して外出トレーニングをしてみるのも悪くないだろう。近所の友人宅ぐらいから始めてみるといいかもしれない。

もちろん、猫のそばにいるのが常に必要最小限の人間で、引っ越しや移動などで環境が変わることがなく、猫が猫らしく暮らしていけるのがベストであることに疑いの余地はない。だから他人と積極的に触れ合わせたり、車や飛行機で移動させて非日常的なストレス下に置くことに関して、まるで虐待だと見る向きもなくはないだろう。でも、人間はすでに猫を自分たちの生活の中に取り込んでしまっている。そうなった以上は、互いに幸せでいるための努力をすべきだと私は思うのだ。猫の留守番のストレスと移動のストレスを天秤にかける。留守番させている猫を心配する気持ちと、移動させることの罪悪感を天秤にかける。その時点で飼い主は最良と思える選択をすればいいだけだ。

タンゴ先輩から若きニャンたちへ

保険に入るべし
貯金してね
お水ゴクゴク飲むんだよ
歯みがけよ
知らない人とも仲よくしてね
きょうだい欲しけりゃ7歳までに
生肉食べなよ、ワイルドに
日本ニャン児なら刺身でしょ
たまにはお外で日光浴
マッサージ、させてあげて
好き嫌いはダメ
ケージやキャリーに入って遊ぼう

ご主人にやさしくね（たまにでいい）
ご主人と遊んであげよう（たまにでいい）
いい夢見ろよ
虎になれ！
呼ばれたら返事（たまにでいい）
カミナリはこわくない
イタズラはこっそりね

Dr.鈴木の老猫アドバイス

歯周病と腎不全のイケナイ関係

獣医学界ではよく知られていることですが、お口の中と腎臓には実は密接な関係があります。歯周病がきっかけで、腎不全になってしまうのです。

もちろん、老衰で腎機能が低下してくるということもありますが、成猫期からの腎臓病は口腔内の問題に起因していることが多いですね。

飼い猫の多くは、キャットフードを食べるようになったことで、咀嚼の回数が減ってしまいました。

噛まないということは、唾液の量が少なくなるということです。食べ物を強く噛むと血液循環がよくなって、血漿《けっしょう》成分（血液中の液体成分）が唾液に混じります。それがお口の中を消毒します。

ところが、キャットフードを噛まずに丸呑みしていると、粘滑剤としての唾液しか分泌されないため、血行は悪くなるし、お口の中を消毒することもできません。結果として、高い確率で歯周病にかかってしまうのです。

お口の中に炎症が起こると、そこにばい菌が増殖して、からだの中にも侵入してきます。すると、まず白血球がばい菌にたかって、徹底的にやっつけます。そこで生じた残骸は血栓となってからだ中に運ばれ、時に毛細血管に詰まってしまうのですが、それはマクロファージ（白血球の一種で、死んだ細胞や細菌などを食べる体内の清掃係）が食べてくれるので、問題はありません。

ところが、猫のからだの中で、とりわけ目詰まりしやすい場所があるのです。

そうです、それが腎臓です。

猫の腎臓のろ過能力が非常に高いことで、皮肉にもごく小さな血栓すらキャッチしてしまうのですね。

さらに、猫は体内の免疫活動がとても強い動物なので、口腔内に炎症が起きると免疫たんぱくが上昇してしまい、それが腎臓を攻撃したり、目詰まりさせるということもあるのです。

猫の場合、誕生して腎臓が機能し始めたときを百とすると、腎不全の始まりは残り三十を切ったときであると考えられています。

再生しない臓器なので、生きている時間のなかで、言わばちょっとずつ機能が低下していく。

その三十を切るポイントをいかに先延ばしできるかが長生きの秘訣です。

そのために、お口の健康管理がもっとも重要になるのです。

とにかく日常的に猫のお口の中をチェックしてください。

食べかすや唾液、細菌が作り出すプラーク(歯垢、バイオフィルム)は、三日程度で目立って歯石化してしまいます。これは人間に比べるとずいぶんと早いのです。

歯ブラシが有効なのはプラークの段階までなので、歯みがきをほとんどしてこなかった老猫であれば、歯石がたまっていると考えたほうがい

Dr.鈴木の老猫アドバイス

いでしょう。

歯石を除去することは健康のためにも有効です。

でも、例えばお口の中がひどい状態にもかかわらず、病気または老齢のために麻酔に耐えられないとなると、自然に歯が抜け落ちるのを待つしかありません。その場合、腎臓への影響が負のオマケとしてついてくることも大いに考えられるので、獣医さんにしっかり相談されるとよいと思います。

第六章

ニャン生、最期の三日間

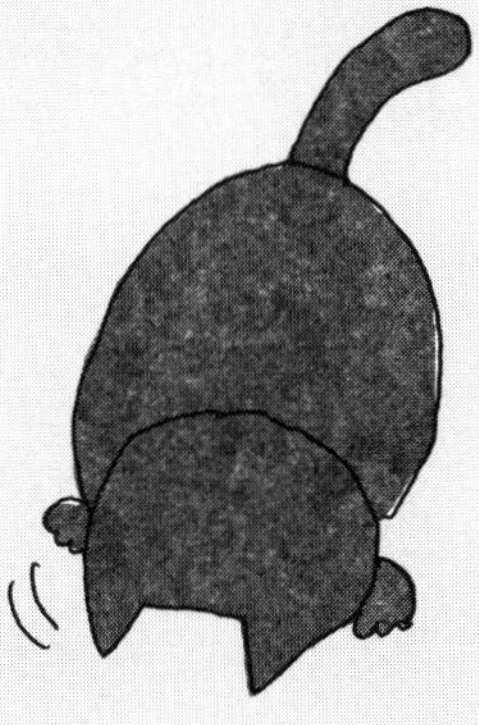

〝そのとき〟はやってくる

猫は、限りなく高い確率で、飼い主より先に死ぬ。

それは紛れもない事実だし、私だってタンゴを飼い始めたときからそんなことは重々わかっていた。頭の中ではわかっていた。でも、心ではわかりたくなかったのだと思う。タンゴがいつか死んでしまうということを、私は考えないようにして生きてきた。ついうっかり考えてしまうと、電車に乗っていようが、スーパーで買い物中であろうが、はたまた誰かと一緒にいようが、とめどなく涙があふれた。どうしようもなく悲しくなって、そんな縁起でもないことを考えた自分に怒りすら覚えた。

「タンゴが死んだらどうするんだ？」

猫を文字通り猫かわいがりする私の様子を見て、亡き父がそう言ったことがある。なにしろ私の動物好き（距離感が近すぎるタイプ）は父譲りなので、先行きが心配になったのだろう。

「タンゴは死なないもん！」

そのときですら、自分のこの発言は相当にイタいなと思ったけれど、でもタンゴがいつか死ぬという事実に私は徹底的に抗いたかった。

たぶん、猫が死ぬということを想像できなかったのだと思う。人が亡くなる場面には何度も立ち合ったけれど、それとはなぜか自動的に一線を画していた気がする。

タンゴが死ぬとはいったいどういうことなのか、私にはさっぱりわからなかった。


でも不思議なもので、タンゴが十歳を過ぎたあたりから、私は次第にこの子がいつか死んでしまうのだということを受け入れられるようになった。何よりの変化は、そのことをみずから口にできるようになったことだ。

「タンゴもあと何年生きられるかわからないから、おいしいものを食べさせるんだ」

死を見据えての発言に、我ながら驚くこともあった。

もともと、タンゴが十歳になったら二匹目の猫を迎え入れようと思っていたことも、理由としてはきっと大きい。それがタンゴがいなくなったときの自分のためだということを、イヤでも思い知らされるからだ。

実際、新しい猫についてはちゃんと考えた。インターネットで里親募集中の猫たちを眺めては、どうしようかと思い悩んだ。

「絶対もう一匹飼ったほうがいいって！」

猫飼いの先輩たちの多くが、異口同音にそう言った。それは、猫を亡くす悲しみを知っているからこその親心みたいなもので、みんなたぶん本気で勧めてくれていたのだと思う。タンゴの代わりはいないし、タンゴがいなくなったらそりゃあ心にぽっかりと穴が開くだろうけれど、ほかにも面倒を見なければならない猫がいれば「気が紛れるはずだよ」と、みんながそう言った。

その理屈はよくわかる。

でも、私は性格上、気を紛らわしたくない。気を紛らわすということは、抱えた問題に対して自分をごまかすことと同じだと思っている。〝そのとき〟が来たら、気の済むまでタンゴのことだけ考えて、死んでしまった悲しみに浸りたいと、そう思ってしまう気がする。だいたい私は極端で、とことんまで落ちてからじゃないと、這い上がるエネルギーが湧いてこないタイプだ。

だから、新たに猫を迎える計画は保留にした。

もし新入りがやってくるのだとしたら、それはそうなるべくして出会う猫だろうから、少なくともこちらから探すことはやめた。

何よりも、年をとって、穏やかになって、少しワガママになって、今まで以上にぴったりとからだをくっつけて甘える老猫がかわいくて仕方がなく、私はタンゴが生きている限り、タンゴだけに愛情を注ごうと決めたのだ。そして、それは同時に、タンゴが〝そのとき〟を迎えて、やがて永い眠りについたときに私の胸を埋め尽くすだろう悲しみや、空虚感や、そのほかのきっとたくさんのダメージのすべてを、引き受ける覚悟をしたということ。

もちろん、出会いがあれば、新たな猫を迎え入れるのは素敵なことだ。飼い主それぞれが自分が体験するだろう〝そのとき〟を想定して、家族を増やすことは悪くないと思う。ただし、タンゴのかかりつけの獣医さんによれば、先住猫にかかるストレスを考えると、七〜八歳ぐらいまでに新入りを迎え入れるのがベストだという。というのも、母猫を見ればわかるように、猫というのは子猫に対して時にとても厳しい動物だ。そうした躾を先住猫が新入り猫に対してできるかどうかを考慮す

るに、迎え入れるならせめて先住猫の五感が衰えないうちがいい。ただ、十歳を過ぎていても、先住猫が元気で、なおかつ新入り猫と性格が合えば問題はないようだ。

我が家では、今さら新たに猫を迎え入れたいと思っても時すでに遅し。タンゴの老いと向き合って、やがて訪れる〝そのとき〟を受け止めるのが、飼い主としての私の役目なのだろう。

〝そのとき〟は、やってくる。きっと遠くない未来に必ずやってくる。でも、恐れを抱きながらその日を待つよりも、今日、明日、あさってと、タンゴが元気でそばにいてくれる幸せな一日一日を、しっかり胸に刻んでいきたいと思うのだ。

延命治療を考える

どこからどこまでを延命治療というのか、それは飼い主の判断ひとつで決まること。例えば愛猫ががんにかかったとして、抗がん剤を使うことは果たして延命治療なのか。手術で病巣を取り除くことはどうなのか。

おそらく、健康を取り戻せる確率が高い治療は、延命には当たらないという解釈が一般的だろう。一か八かの手術の成功率に賭けたり、猫が猫らしくあることのできない状態で医学の力によって生命を維持したりすることが延命治療と呼ばれる。

幸い、うちのタンゴは大きな病気はしておらず、開腹手術の経験もないので、私は医療の現場でギリギリの選択を迫られたことはない。でも、病気で愛猫を亡くした人たちの多くは、その場面に出くわしている。

誰もが、正しい選択をしたいと思いながら、自分の選んだ答えに対して「これは飼い主のエゴでは？」と思い悩む。ラクにさせてあげたい、でも生きてほしい、そこで生じるジレンマにがんじがらめになってしまう。

先輩ニャンたちの最期、飼い主の思い

サカナ（享年十四・オス）

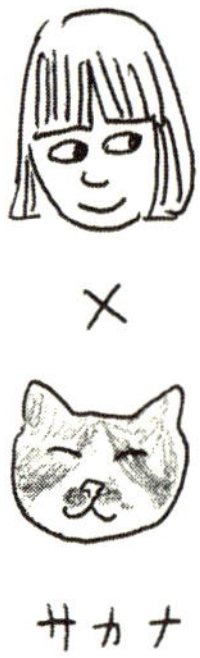

「サカナの最期は、自力で食べることも飲むこともできなくなり、からだの機能がシャットダウンしてしまった状態でした。手術に耐えられる体力もすでにないだろうというのが、獣医師の意見でした。私はアメリカに住んでいますが、アメリカの獣医師は安楽死を勧めることが少なくありません。それが必ずしもいいとは限らないと思います。でも、信頼できる獣医師が、サカナに延命治療を施すことは勧めないと言ったので、安らかに逝かせてあげることを決めました。ですが、亡くなってからしばらくは、自分の決断が正しかったのかどうか、深い悩みの日々が続きました」

空（享年十二・オス）

「空は悪性リンパ腫だった上、発覚したときはすでに末期だったので、獣医師には安楽死を勧められましたが、一日でも長く一緒にいたいという思いから、抗がん剤治療を選択しました。人間と同じものを用いるため副作用も強く、毎日点滴とステロイド剤の注射をして、体力の回復を待ってから抗がん剤を投与予定でしたが、その前に発作が起き他界したので、最終的には抗がん剤は使用しませんでした。しかし、心停止後も病院に駆け込んで蘇生のお願いもしましたし、私個人としては、延命治療を選択したと言えます。ただ、延命治療にしても、安楽死にしても、人間のエゴでしかない気がして、どちらが正しかったのか、今もわかりません……」

ベネ（享年十二・メス）

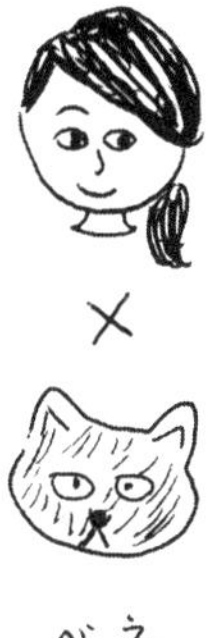

「ベネには、結果的に最善と思われた治療を受けさせました。七時間にもおよんだ腎臓の大手術でした。病気を治すための治療ならば、できる限りのことをしたかったからです。でも、延命目的となると疑問を感じます。手術のために入院した日本動物高度医療センターでほかの入院患ニャンを見て、改めてそう思いまし

た。ただ、同時に、治療をやめることに踏み切れない飼い主さんの気持ちも痛いほど伝わりました。ベネは手術から半年後に亡くなりました。人間の時間に換算すれば、きっと二年生きながらえたことになる。そう思って、自分をなぐさめているところも少なからずあります」

猫の安らぎを最優先にして安楽死を選んだ人、できることのすべてをしたくて延命治療に希望を求めた人、そして健康になることを目指して大手術に踏み切った人。その選択の場に立ったことのない私が言うのはおこがましいけれど、でも、どの選択も正しかったのだと思う。もちろん猫の年齢や、体力や、持病などによっても、選択肢は変わってくるだろうし、獣医さんの意見もきっとさまざまだ。それに、治療費の問題もけっして小さくはないだろう。

自分がいざその選択を迫られたら、私はどうするんだろう。もしタンゴが苦しんでいて、回復の見込みがないならば、痛みを取り除くための緩和ケアをおこなうとか、あるいは安楽死の選択も場合によっては迫られるだろう。現時点では、延命治療は必要ないと思っているけれど、でも目の前でタンゴの命が消えそうだったら、その炎を消さないようにあらゆる手を打つかもしれない。そして何より大きな問題は、生きられる可能性が半々のときだ。例えば手術を選択するとしても、とくに老猫の場合は麻酔のリスクも高くなるし、必ずしもいい結果を生むとは限らない。でも、手術や治療で、命が繋がる可能性だってある。そのとき、私はどうすれば？

ああ、困った。

延命とは、いったい何だろう？

ただ、少なくとも、飼い主のエゴか否かという視点で延命治療を語ることは、私はナンセンスだと思っている。私たちが猫をペットとして室内で飼い、食べさせ、医療を与えていることは、すでに自然の摂理に反しているし、見方によっては人間のエゴに過ぎない。それに老猫は、老猫と呼ばれる時点でとっくに元来の寿命を超えている。

そういう意味では、老猫の命は、奇跡的に今ある命だ。

それを延命するとはどういうことなのかな。

私は、そのときが来たら考えようと思う。きっと迷うし、悩むし、気が気じゃないだろうけれど、自分が下した決断に責任を持ちたい。のちに、自分は間違っていなかったと思えるのが理想ではあるけれど、どんな選択をしても多かれ少なかれ後悔はあるのだろう。

ひとまず、その覚悟だけはしておくとして。

私がどんな選択をしてもすべてはタンゴの幸せを考えてのことで、そこには微塵の嘘もないから、やっぱり最終的にはその選択が〝正しい〟のだと思いたい。

心の準備と、最期の三日間

事実、〝そのとき〟は必ずやってくる。私はそれを理解しているし、覚悟もできているつもりだ。

でも、残念ながらそれは現時点での覚悟に過ぎず、いざとなったら頭が真っ白になって、あたふたして、何の役にも立たなくなることが目に見えている。だいたい、覚悟はできていると言いながら、タンゴの具合が悪くなって病院へ駆け込むたびに人一倍オロオロしているのはほかの誰でもない、この私だ。

それでも、もし獣医さんに「心の準備をしておいてください」と言われたら、私に何ができるだろうか。

今からできることがないわけではない。〝そのとき〟に、連絡すべき人をリストアップしておくこと。茶毘《だび》に付すお寺なり葬儀社なりを決めておくこと。休日や夜間にお花が買える場所を近所に探しておくことも、きっと無駄にはならないと思う。

では、実際に愛猫を見送った経験者たちは、〝そのとき〟をどのように迎えたのだろうか。何を思い、何をしたのだろうか。心はちゃんと準備できるものだろうか。

M美さんの場合（享年14・オス）	
心の準備はできていましたか？	亡くなる3日ほど前から、名前を呼んでも私の顔を見上げなくなったので、死期が近いのではと思ってはいました。でも、ずっとモヤモヤとした気分を抱えていました。
2日前	1ヶ月前あたりから具合が悪く、食欲もなくなってきていました。抱っこももちろん拒否でした。暗い場所（棚の下）でじっとして、出てこなくなりました。
1日前	飲まず食わずが続いてかなり痩せていました。毛艶も悪く、便も尿も出ず、獣医師から「猫の年齢を考えると手術より安楽死」と提案されました。すぐには答えを出すことができませんでした。
当日	もはや箱座りもできず、横たわったままの状態に。このままだと餓死を待つだけだと獣医師に言われ、安楽死を決断しました。
3日間、仕事や外出は？	専業主婦なので、基本的に家で看病することができました。
葬儀などの手配は？	私は実は、猫が亡くなってからのことはあまり覚えていないのです。火葬の手続きなど、実務的なことはすべて主人がやってくれました。
これから愛猫を見送る飼い主さんへ	猫は環境が変わることを嫌うので、今まで通りの過ごし方をしてあげるのがいいと思います。たくさん話しかけてあげましょう。感謝の気持ちを伝えて、最期までありったけの愛情を注いであげてください。

S子さんの場合（享年12・メス）	
心の準備はできていましたか？	“今日から3日後に死んでしまう”なんてことは誰にもわからないわけです。いつもと同じように過ごしました。
2日前	猫は比較的元気でした。いつものようにごはんを食べ、家の中をパトロールしたり、時にゴロニャンしたりして過ごしていました。
1日前	嘔吐する様子がおかしかったので、すぐに病院へ。1週間分の薬をもらって帰宅。少し元気になりました。
当日	呼吸が苦しそうだったので病院へ。その帰りの車中、私の腕の中で吐血。猫のからだから、スーッと何かが抜けていくのが見えました。冗談のようですが、一緒にいたダンナさんも見たので本当です。
3日間、仕事や外出は？	私はフリーランスのライターですが、この3日間は原稿の締切などもなく、家で一緒に過ごせました。ただ、用事で少し家を空けたときは気が気でなく、急いで家に帰りました。
葬儀などの手配は？	ペット葬儀業者を私がインターネットで調べて、ダンナさんが手配しました。斎場の方が一定の距離を置いて対応してくれたおかげで、冷静でいられたのだと思います。むしろ、お世話になった獣医さんに報告したときが、いちばん動揺しました。
これから愛猫を見送る飼い主さんへ	たとえ“今夜がヤマ”だと言われても1週間頑張ってくれることもあれば、何の前ぶれもなくある日突然逝ってしまうこともあります。だからいつもと同じように、猫も自分もシアワセな時間を過ごしてください。

C香さんの場合（享年12・オス）	
心の準備はできていましたか？	心の準備なんて、具体的には何もできていなかったと思います。そもそも、病気を受け入れることにも時間を要したほどなので……。
2日前〜1日前	自力で食事ができず、水を飲むにも手助けが必要でした。抗がん剤投与を予定していたので、体力をつけるためステロイド剤を毎日投与していました。栄養状態もよくなかったので、点滴と注射も。それでなんとか命を繋いでいるという状態でした。
当日	高栄養食を水でといて、スポイトで与えていたのですが、その直後に急変。すでに心肺停止状態でしたが、救急で病院に運び、蘇生を試みました。でも、息を吹き返すことはありませんでした。
3日間、仕事や外出は？	毎日、通院して注射や点滴を受けさせてから、出社していました。雑誌編集者という仕事柄、不規則な生活で多忙だったのですが、それで気が紛れていたのも事実です。ただ、ひとりで電車移動しているときなど、家で留守番をしている猫のことをふと思い出して不安になり、涙が出ることもありました。
葬儀などの手配は？	亡くなってから、自分で葬儀社を探しました。連絡をしたときにはまだ気が動転していたので、しどろもどろだったと思います。
これから愛猫を見送る飼い主さんへ	できるだけ一緒にいてあげてください。少しでも安らかに逝けるよう、工夫してあげてください。猫にとっては、飼い主さんの存在がすべてです。

病気で愛猫を亡くした三人に聞いた話は、あまりに壮絶で、悲しくて、だけど愛情とやさしさに満ちていた。その死までの過程や、置かれた状況はさまざまでも、猫と飼い主の絆は一様に強くて深い。それだけに、失った悲しみや喪失感が大きいこともわかる。

その喪失感を受け止める覚悟をしておくことが、少なくとも今、私にできる唯一の心の準備であるような気がするのだ。〝そのとき〟が来たら人としての通常業務ができなくなる旨を、周知させておくことも必要かもしれない。

タンゴは十六歳になった今も、健康状態は良好だ。とはいえ、統計的に見てもあと十年生きることはまずないだろう。考えたくはないけれど、そうした事実を一つひとつ受け入れていくことで、心の準備というやつができていくのかもしれないと、最近はそう思っている。

Dr.鈴木の老猫アドバイス

終末医療について

終末医療に関しては、もちろん獣医師として最善と思うアドバイスをさせていただきますが、基本的には飼い主さんの考え方、判断がすべてだと思います。

ただ、いざそのときが来ると、みなさん一様にためらってしまうのです。僕も多くの動物を飼ってきた一飼い主ですから、よくわかります。猫の生死の責任のすべてを自分で負うというのは、想像するよりずっと大変なことです。

例えば、猫ががんにかかって、それが末期状態で、とても痛がっているとしましょう。その際、安楽死の選択をすべきかどうか、飼い主さんの多くはどうしても決断することができないのです。診察室で「先生の猫だったらどうしますか？」という質問を受けることも少なくありません。その際は、僕だったらこうしますという意見はきちんとお伝えしますが、それはあくまで獣医師としての意見であって、たったひとつの正解ではありません。

最終的には、本当に飼い主さん次第なのです。飼い主さんが、猫のＱＯＬ（クオリティ・オブ・ライフ）という観点で、その価値観をどこに据えるかが判断基準となります。

抗がん剤の使用について、悩む方も大勢いらっしゃいます。すべての薬がそうであるように、抗がん剤にも効果とリスクがあります。

悪性リンパ腫などにはとても効果がありますから、その場合はトライする価値はあるでしょう。

　副作用を心配される方も多いですが、一度や二度の投与であれば、不具合が出る可能性は低いと思われます。

　もちろん、がんの種類によっては効果が見込めないものもありますし、逆に進行度の高い腫瘍には薬が効き過ぎて抗腫瘍症候群（死滅した細胞が血栓となり、臓器に詰まってしまう）という問題が生じることもありますから、効果とリスクについて獣医さんとしっかり話し合うことが大切です。

　また、治療費がかさむことも考えられますので、心配なことは事前に獣医さんに相談されるとよいでしょう。


　猫はそもそも腫瘍のできにくい動物です。からだの内側をコントロールする免疫が非常に強いため、がん細胞は基本的に増殖しません。それでもなお、そこをすり抜けて増殖したがんは、やはり強い。猫にできる腫瘍が、九割がた悪性だと言われているゆえんです。

　ただし、がんにかかったからといって、すぐに死んでしまうというわけではありません。

　以前、鼻に扁平上皮《へんぺいじょうひ》がんができてしまった猫を診たことがあります。セカンドオピニオンで僕の病院にやって来たのですが、かかりつけの獣医さんでは余命三ヶ月と宣告されていたそうです。でも、結果的にはその後三年間、元気に生きました。

Dr.鈴木の老猫アドバイス

飼い主さんには、投薬などの治療だけでなく、お部屋の湿度を高めて、室温二十八度を通年キープするということをきっちりと守っていただきましたが、猫が最期まで痛がらなかったことも長生きの理由としては大きかったと思います。やはり行き届いた管理をすることが重要なのです。

薬よりも何よりも、環境が大切なのは本当です。

愛猫の終末期を医療に委ねる状況になれば、みなさん当然怖いでしょう。そこで飼い主さんの気持ちをどう汲んでいくか、それを治療にどう活かしていくのかは、すべて獣医師の技量にかかっています。

わかりやすく説明してくれる、生活環境についてのアドバイスをしてくれる、そんな獣医さんを身近に見つけておくことも、安心材料のひとつになるかもしれませんね。

第七章

旅立つ猫と、残される私

ちゃんと見送ってあげたいから

見送り方を決めておこう

愛猫の亡骸を前にして、飼い主は何を思うだろう。悲しいなんて言葉では足りないほどの悲しみを、底知れない喪失感を、きっと味わう。でも、猫を飼い始めたとき、誰もが最後まで面倒を見ると心に誓ったはず。きちんと弔いをすることで、愛猫の死を受け止められれば、自分との約束を果たしたことになるし、結果的に自身を救うことにも繋がる。だからこそ、ちゃんと見送ることができた、納得するかたちで旅立たせてあげられた、そう考えられる見送り方がやはりベストだと思う。

では、具体的にどうしたらいいのだろう。

日本では、動物愛護管理法（動物の愛護及び管理に関する法律）のもと、亡骸の処理（という言い方には違和感を覚えるけれども）には主に三つの方法がある。

①ペット火葬会社などに依頼（火葬）

現状、もっとも多く選ばれている方法。寺院などに併設された業者であれば、葬儀、納骨が可能な場合も多い。

②自分の所有地に埋葬（土葬）

ただし、ニオイや衛生面で近隣に迷惑をかけないために、ある程度の広さが必要なので、とくに都市部では難しい場合が多い。

③自治体の保健所、清掃局などに依頼（焼却処理）

飼い猫に関しては、この方法はあまり現実的ではない。

昔、といってもせいぜい二十年くらい前までは、裏山とか、広い公園の隅っこなんかに勝手に埋葬していた人も多かったはずだ。私も子供の頃、飼っていた小鳥が死んだとき、

箱に入れて近所の山に埋めに行ったことがある。でも、たとえお骨になった状態であっても、自分の所有地以外の土地に埋葬するのは違法。ペット火葬やペット葬儀といった弔いの形態が知られるようになったのは、ここ十数年のことだが、今はペットが亡くなったら業者に火葬を依頼するのが一般的になっている。

できれば、愛猫が元気なうちに、めぼしい業者を見つけておくといい。亡くなってから、近隣の業者を比較検討して選ぶとなると、精神的にも大きな負担になると思うのだ。ただでさえ悲しみに打ちひしがれているときに、実務的なことを多くこなさなければいけない状況に陥るのは、なるべくなら避けたい。

今はホームページを開設しているお寺や業者も多く、ほとんどの場合、詳細なパンフレットも用意されているので、立地や料金など必要事項を確認した上で、せめて候補を数社に絞っておく程度のことはしておいたほうがいいだろう。できれば、事前に予約方法や、火葬の段取りなどを問い合わせておいて、猫が亡くなったときに電話一本で話が伝わるようにしておけば、悲しいときに煩わされなくて済む。

できるだけ長く、そばにいたい

愛猫が亡くなったからといって、すぐにその姿かたちをなきものにしてしまうのは、あまりに忍びない。だんだんと冷たくなっていくからだに触れれば、たぶん身を切られるほどに悲しいだろうけれど、その柔らかな毛並みをずっと撫でていたいと思う人は多いだろう。遠くにいる家族や友達にどうしても最後に会わせたいから、長く安置したいという人もいるはずだし、もちろん、悲しみを長引かせたくなくて、あるいは仕事やそのほかの都合で、すぐに火葬したいという場合もあるだろう。

亡骸を安置する時間には、実のところけっこうな幅を持たせることができる。

一般的には、一日〜三日ぐらいであれば、夏場でもきれいな状態のまま安置することが可能だ。ポイントは、おなか（内臓）を重点的に冷やすこと。お菓子などを買った際につ

いてくる保冷剤でかまわないので、おなかまわりを継続的に冷やすといい。この場合、保冷剤の結露で被毛が濡れるとそこからにおいが生じる場合があるため、ペットシーツなどを利用して猫のからだが濡れないようにすること。エアコンで室温を涼しく保っておくことも忘れずに。冬場であれば、同様の状態で五日間程度は保《も》つと言われている。

ただし、手術痕など治癒していない傷、あるいは出血がある場合はその限りではない。どうしても傷口から腐敗が進行してしまうからだ。その際は、なるべく早く火葬することを考えたほうがいいかもしれない。

また、ペット火葬や葬儀の業者によっては、長期安置用の袋を用意しているところもあり、長く安置する必要のある場合は相談してみるといい。ガスの発生を抑制するもので、数週間の安置が可能な商品もあるそうだ。

安置する場所は、猫がいつも寝ていたベッドや、適当な箱など。亡骸の状態を整えたら、あとは飼い主の気が済むように、お花や食べ物、おもちゃなど愛用品をそばに置いてあげよう。親しい人たちを呼んでお通夜をするもよし、家族だけで過ごすもよし、とにかく心残りのないようにゆっくりとお別れをしたい。それで悲しみが軽減されることはないかもしれないけれど、でも、どこかで納得はできると思うのだ。

火葬・葬儀屋さんをどう選ぶ？

最近では業者がたくさんあって、なかなか選びきれない。お寺が直接経営しているものから専門のペット葬儀社まで、形態もさまざまなら、火葬や葬儀、供養の内容も多岐にわたり、料金にもずいぶん幅がある。だからこそ大事なのは、飼い主が愛猫を見送る際に何を望むのか、まずはそれをしっかりと考えることだ。それから希望に合う業者を選ぶといい。

ただ、残念なことに、心ない業者も少なくないと聞く。料金をぼったくられるというのなら、もちろん許せないことではあるけれど、まだわかりやすい。厄介なのは、飼い主の心が傷つけられることだ。亡骸を預けたあとに返骨されたものの、骨の量が極端に少なかったとか、まるで廃品でも扱うように作業されたとか、火葬炉が冷める前に亡骸を置かされ、お別れをしているそばからペットのからだが燃え始めたとか、私が聞きおよんだだけでもひどい話がたくさんある。そんな業者にうっかり頼んでしまうことは、絶対に避けなければ。

なにしろ老猫になるまで、長い間愛し慈しんだ猫だ。最後の最後まで大切に扱ってくれる業者を選びたいと思うのは、飼い主として当然のこと。

では、具体的にどんな業者を選べばいいのだろう。

①料金体系がはっきりしている

プランと料金が明記され、追加料金がないこと。すべての料金が「○○万円〜」となっている場合は要注意。また、骨壺などが別料金ではないか、頼んでもいない読経がセットされていないかなど、事前に確認しておくこと。

②質問に明確に答えてくれる

料金、火葬の手順、お骨の扱いについて、丁寧に説明してくれるかどうか。返骨されるまでの過程を利用者が把握できないのはおかしいので、疑問点はすべて問い合わせておくこと。

③口コミでの評判がいい

これがもっとも信用できる。ペットを見送った経験のある友人知人に話を聞いて、可能なら担当者を直接紹介してもらうと確実だ。

なお、火葬には固定炉（お寺や業者の敷地内に設置されている火葬炉）でおこなうものと、移動火葬車（ワゴンなどの大型車の中に火葬炉が設置されている）で利用者宅まで行き、その場でおこなうものがある。現状では移動火葬車を利用する人のほうが多いと聞いているが、管轄内すべての場所で移動火葬を全面的に禁止している自治体もあり、それが少しずつ増えてきているのだという。地域ごとに違うそうしたルールをしっかり守っている業者を選ぶのが、やっぱり安心だ。移動火葬車を利用する場合は、その点も最初に確認したほうがいい。

また、可能であれば、近隣に了解を取っておきたい。どこからともなく口うるさい人が出てきて「こんなところで動物の死体を焼く

な」なんて言われたら、それこそショックだ。世の中には動物が嫌いな人もいるし、動物を手厚く供養することに理解を示さない人もいる。そんな現実を理解した上で、なおかつ業者ともしっかり話し合って、滞りなく火葬を済ませたい。

ペット斎場ってどんなところ？

〈せたがやペット斎場〉に行ってみた

タンゴが元気にニャアニャア鳴いていて、モリモリごはんを食べていて、毛並みだってまだツヤツヤだから正直ちょっと躊躇したのだけれど、〝そのとき〟を迎えて慌てずに済むように、ペット斎場というものを見ておきたいと思った。

前項に述べた通り、斎場とひとことで言っても、その形態はさまざまだ。だからあくまでひとつの例として〈せたがやペット斎場〉を取り上げる。ここは私の何人もの友人が利用していて、いい評判を耳にしていたし、私もいつかきっと利用者のひとりになるだろう。場所は東京・世田谷区。浄土宗感応寺と提携し、その敷地内に固定炉を持っている。全国に直営店や代理店がある大きな会社が運営しているためか、場所のわりには料金も比較的抑えられているようだ。

プランを選んだら、料金表（232ページの表C参照。料金は取材時のもの）に記載された以外のお金はかからないという。ただし、ペットのメモリアルグッズを作ったり、この斎場では本来利用していない棺を用意してもらったりすると、もちろんオプション料金がかかるが、それもあらかじめ金額が決まっているので担当者に問い合わせるといい。

いちばん多く利用されているのは訪問ペット火葬車（移動火葬車）だが、世田谷のこの斎場では〝立会個別火葬〟を選ぶ人が多いという。私の友人たちも、主にこのプランを利用したと聞いている。火葬炉の前でお別れをして、みずからの手で拾骨するというものだ。この斎場では、ペットのからだの大きさに合わせて三基の火葬炉を使い分けている。猫は、基本的にいちばん小さいところ。見学させてもらったら、思いのほか気分が沈んでしまった。いや、正直言うと、取材でお邪魔しているのに涙腺ダムが決壊しそうになった。私がよく知っているあの猫たちが、ここに横たわったのか。そしていつか、タンゴもまた。避けては通れないことだ。それはよくわかっているのだけれど。

表C

せたがやペット斎場の料金表				
		合同火葬	個別火葬	
料金	区分（体重）	お引取り供養	一任個別火葬	立会個別火葬
	2kg未満	15,120円	18,360円	20,520円
	2kg～5kg	18,360円	21,600円	23,760円
	5kg～10kg	21,600円	24,840円	27,000円
	10kg～15kg	27,000円	30,240円	32,400円
プランに含まれるもの	骨壺	×	○	○
	返骨	×	○	○
	拾骨	×	×	○

私が友人から聞いて何より驚いたのは「猫のかたちそのままで骨になっていたんだよ」という話だった。〈せたがやペット斎場〉は、いかにお骨をきれいな状態で残すかということに大変なこだわりを持っているのだという。というのも、ごく単純な話で、火葬後のお骨がひどく崩れていたら、飼い主がショックを受けるから。確かに、火葬炉の前で腹をくくって見送ったとしても、焼き出された骨がぐちゃぐちゃになっていた

ら、悲しいやら腹立たしいやらで気が気でない。人は、猫そのままのかたちの骨を見て、愛する猫を荼毘に付したこと、みずからの手で旅立たせたことを実感し、その死を受け入れることができるのだという。つまり、人間の死と何も変わらない。聞けばなるほど、この斎場を運営するジャパンペットセレモニーの社長さんの生家が、葬儀屋さんなのだそうだ。遺族に対するグリーフケア（悲しみに寄り添い、立ち直るまで見守ること）の一環を、そのままペットの飼い主に応用している。考えるまでもなく、ペットは家族だから、最後までそうして気を遣ってもらえるのはありがたい。

斎場への行き方いろいろ

どうやって猫の亡骸を斎場に運び入れるか。移動手段についても、できれば猫が亡くなる前にあらかじめ考えておきたい。自家用車で行くのがいちばんラクだけれど、〈せたがやペット斎場〉は住宅地にあって駐車スペースが限られているため、利用可能かどうかを火葬の予約時に確認しておく必要がある。

また、横たわった状態でキャリーケースに収まる小さな猫でもない限り、電車などの利用にも無理があるだろう。それが亡骸だと周囲に気づかれる可能性は低いにしても、気づかれた場合には悲しいかな、やはり不快に感じる人もいるはずだ。だから公共交通機関を使う場合は、なるべくタクシーを利用したい。
なお、自宅が遠方であれば、対応エリアは限られているものの、送迎プランが用意されている。猫の亡骸を迎えに来てくれるプラン（飼い主は公共交通機関などで斎場へ）、家族ごと送迎してくれるプラン（自宅で納棺し、飼い主と一緒に斎場へ運び、拾骨後に自宅まで送ってくれる）の二つから選べるので、都合に合わせて利用するといいだろう。とくに後者は、家族に高齢者や小さな子供がいる場合にはとても便利だと思う。もちろん〈せたがやペット斎場〉に限らず、送迎プランを用意している業者は少なくないので、事前に確認しておくといい。

火葬〜拾骨の流れ

〈せたがやペット斎場〉″立会個別火葬″の場合

①予約

愛猫が亡くなったら、まずは電話で火葬の予約をする。その際、当日の段取りや、一緒に火葬炉へ入れられるものなどの説明をしてもらう。

⬇

②お別れ

骨をきれいに残すため、基本的に棺は使用しない。どうしてもという場合は、パルプ製のものが用意されている（別料金）。火葬炉のセラミックマットの上に亡骸を寝かせ、その周囲にお花、食べ物（カリカリやおやつ）を置くことができる。紙や布は灰が多く出てしまうので、入れてはいけないという。化学繊維や、プラスチック製のおもちゃなども、骨が黒ずんでしまう場合があるのでやめたほうがいいのだとか。ただし、絶対にダメというわけではないので、どうしてもという場合には相談に乗ってくれる。

また、傷口などがあると、タオルなどでくるんであげたいと思うのが親心だが、これも炉内の温度が一気に上がるため、お骨が崩れてしまうそうだ。傷などを隠してあげたい場合は、スタッフにひとこと伝えれば、薄い布を上からかけてくれる。

そして、いよいよお別れだ。

炉の扉を閉めても「やっぱりもう一度！」と、何度もお別れを繰り返す人や、泣き崩れる人、叫ぶ人、それぞれが、それぞれの方法で悲しみを吐露するのだという。私はどうなるかな。たぶん、いろいろダメだろう。

⬅

③待機

火葬時間は、二〜五キロの平均的な猫で約一時間半。からだの状態によっては前後することがあり、とくに腫瘍がある場合は三十分程度長くかかるという。〈せたがやペット斎場〉には、その時間を過ごす休憩室があり、ほかの利用者と重なっても衝立てが用意されるので、ほとんど個室の状態になる。このときは、やはりひとりじゃないほうがいいのではないかと思う。深い悲しみを抱えた一時間半は、ひとりで過ごすにはきっとあまりに長い。

④拾骨 ⬅

火葬が終わり、猫そのままのかたちでお骨が出てくる。スタッフの説明を受けながら、ひとつずつ自分の手で拾骨する。このとき、愛猫の死をちゃんと受け止められるといいのだけれど、小さな骨壺にすっかり納まってしまった猫を思い、悲しみをまた新たにするのかもしれない。

みんなお骨をどうしてる？

では、愛猫が小さな骨壺に入ってからはどうしたらいいだろう。

私の友人たちは、みんなリビングの棚の上に写真とともに置いている。クローゼットや引き出しの中にしまっている人もいる。東京で暮らしていると、さすがに庭に埋

愛猫を亡くしたあとのTO DO LIST

- □ 亡骸を安置
- □ 亡骸のおなかを冷やす（濡れないように）
- □ お花を用意（誰かに買ってきてもらおう）
- □ 必要な人に連絡
- □ 火葬・葬儀の予約（料金を確認して準備しておく）
- □ 当面の用事（仕事、学校など）をどうするか考える
- □ 用事の出欠などを関係先に連絡

めたという話は聞かないが、私の実家で飼っていたビーグル犬が十六歳で亡くなり、火葬して一年経った頃、母が自宅の庭に埋葬した。その骨壺は、土に還る素材で作られているものだったそうだ。将来的にどこかに埋葬する予定がある場合は、業者に骨壺の素材についても問い合わせておくといいかもしれない。

自宅以外に納骨して供養することも、もちろん可能だ。〈せたがやペット斎場〉には動物供養塔があり、個別埋葬、もしくは合同埋葬することができる。納骨堂も併設されていて、さらには飼い主と同じお墓に入ることもできるという。また、お寺と提携している斎場ならではだが、定期的に法要も執りおこなわれており、多くの飼い主が足を運んでいる

そうだ。ただし、いずれも料金（埋葬料、利用料、管理費など）がかかることなので、事前の確認が必要。

いずれにしろ、供養に関しては飼い主の宗派、宗教観にも大いに左右されることなので一概には言えない。ただ、こうしなければならないという決まりは何ひとつ存在しないので、自分の気の済むようにするのがいちばんだ。火葬や葬儀の業者を選ぶ際、供養の方法やサービスについてはパンフレットなどに記載されているはずなので、それも参考にするといいだろう。

私はそのときが来たら、どうするだろう。東京の自宅では無理でも実家には庭があるのだから、埋葬して土に還してあげたいという気持ちもなくはない。でも思うにきっと踏ん切りがつかなくて、しばらくはリビングに置いておくことになりそうだ。

猫のいなくなった部屋で

ああ、落ち着かないなぁ。

数日間の出張から帰った夜のこと。タンゴを預けた病院のホテルはすでに営業時間外だったので、迎えに行けるのは翌朝。部屋の面積に対すればごく小さな、モフモフした黒いものが見当たらないだけなのに、なんだかとても空虚な感じがする。

悲しいとか、寂しいとかいうよりも、とにかく落ち着かない。心がざわざわして、ちっともリラックスできなくて、テレビにも集中できない。不意に、主のいない猫用ベッドを見つめていることに気づいて、ちょっと自分を笑ってしまった。笑ったら、今度はやけに悲しくなってきた。

もしも、この部屋からタンゴの気配が永遠に失われたら、私はここで暮らしていけるのかな。ふと、そんなことを考えた。

私はずっと、自分に限ってはペットロス症候群とは無縁だと思ってきた。失われた命にこだわり続けるのは建設的ではないし、何よりああすればよかったこうすればよかったと自分を責め続けることは、自己憐憫に過ぎない。できなかったことを悔やむより、何をしてあげられたかを考えるべきだ、だから私はタンゴが逝ってしまっても自分を責めたり哀れんだりしないぞ。と、本気でそう思っていた。でも、タンゴが老いて、そう遠くない未来に旅立ってしまうことを否が応でも考えさせられるようになった今、その自信はグラグラと揺らぎ始めている。経験者の話を聞くにつれ、ペットロス症候群には、本当は理由なんてないのだということがわかってきたからだ。

愛猫が死んでしまったら、悲しむだけ悲しんで、たくさん泣いて、そしていつか前を向いて歩き出すというのが健やかなパターンなのだろう。でも、時には深い悲しみや喪失感がいつまでも消えず、やがて心身に症状が生じてしまうことがある。それが〝ペットロス症候群〟と呼ばれる疾患だ。

人間にとって最大のストレスは伴侶を亡くすことだと言われているが、今やペットはコンパニオンアニマル（伴侶動物）であることが多いため、失ったときのストレスは計り知れない。〝たかがペット〟ではなく、〝れっきとした家族〟。そう考えれば、ペットロス症候群を軽く見ることはできない。長い間強いストレスにさらされたら、からだに不調をきたしてもおかしくないし、精神面でのダメージはさらに大きいため、実際に不眠症や鬱病になってしまう人もいると聞く。

例えば、自分や他人を責めたり過ぎたことを後悔したりという、そんな小理屈など超越した悲しみが、人を闇の淵へと追い込む。周囲からは元気そうに見えても、ふとエアポケットみたいな悲しみにストンと落ちてしまう。実際に自分がその立場になってみなければ本当のところはわからないけれど、理屈では説明できない状態がしばらく続いてしまうのだろう。ペットロス症候群が精神疾患として医学的に解明されている云々といったことは、また別の話だ。いくら病理を解説されたところで、心はきっと救われない。

みんな、どうやって乗り越えたのだろう。もしくは、無理に乗り越えようとしなくてもいいものなのかな。猫を亡くした経験のある人たちに、話を聞いてみた。

みんなのペットロス体験

●M・Aさんの場合

「お骨を引き取ってからは、心にぽっかり穴が開いたような感じでした。でも、病気と闘って最後まで頑張ってくれてありがとうという、感謝の気持ちのほうが強かった気がします。病気になると少しずつ心づもりもできてきますが、最期を看取ることができたかできないかはとても大きなことだと思います。それでも、亡くして時間が経った今でも、あのときああしていればと、ふと思ってしまうことがあります」

●M・Iさんの場合

「亡くなってからの数ヶ月は、よく泣いていました。二十四年も生きてくれた猫だっただけに、失ったことがとてもつらかったです。仕事をしているときや人と会っているときはまだいいのですが、家にひとりでいると決まって孤独感に襲われました。だから、あまり家に帰りたくなくて、遅い時間まで外で人と会っていたり、姉の家に泊まりに行ったりしていました。でも、時間の経過とともに気持ちは落ち着いてきました。今のこの時間は、いつか天国で猫に再会するまでの、しばしのお別れのときなんだなと思っています」

●M・Bさんの場合

「悲しいを通り越して、無の状態でした。それがペットロスだったのかはわかりませんが、何を見ても涙が止まりませんでした。家族や親しい友人のあたたかい言葉は本当にうれしかったです。ですが、いちばんの癒しは時間だったなと思います」

●C・Kさんの場合

「猫との思い出のすべてが家の中にあったため、帰宅するのがイヤで毎日で出歩いていました。わざと仕事を詰め込んだりもしました。トイレやフードボウルなどのネコグッズも片づけることができず、いるはずもないのに部屋の中を探してしまったり、ちょっとしたことを思い出して泣いたりすることもしょっちゅう。電車の中ですら不意に涙が流れるのですから、はっきり言って情緒不安定でした。私のほうが猫に依存していたんだなと気づかされました。猫と暮らす以上、多かれ少なかれペットロスは避けては通れないものだし、簡単に癒せるものではないと思っています。ただ、猫で開いた心の穴は、猫でしか埋められないものであるような気がします。私は一年後に、新しい家族を迎え入れました」

●S・Yさんの場合

「自分では意識していなかったのですが、猫のために割いていた時間が思いのほか多かったようです。食事やトイレ、何より体調を常に気にしていましたから。永眠したあと、だからとにかく時間を持て余しました。そして、ふと〝ラクだなぁ〟と思ってしまう自分に嫌悪感を抱くこともありました。普通に生活している自分に対する憤りが強かったのかもしれません。きっとこれからも、猫を亡くした悲しみは変わらず、胸に開いた穴はけっして元には戻らないのだと思います。今後もし出会いがあって、別の猫を飼うことになって楽しい日々を過ごしたとしても、その穴とは一生付き合っていく。それできっといいんだなぁと思うのです」

愛猫を亡くしたら悲しいに決まっている。悲しむなというのは無理な話だ。ただ、時間の経過がその悲しみを少しずつ癒してくれるのは、経験者の話を聞く限りどうやら本当みたい。それが何週間も何ヶ月も癒されることなく、落ち込んだ状態が続くのがペットロス症候群で、そうなったら心の闇はひとりでは解決できないはずだ。一日でも早く誰かに相談しないと。

話す相手は、カウンセラーや専門の医師(精神科、心療内科)などはもちろんのこと、家族や友人や恋人だっていいんじゃないかな。

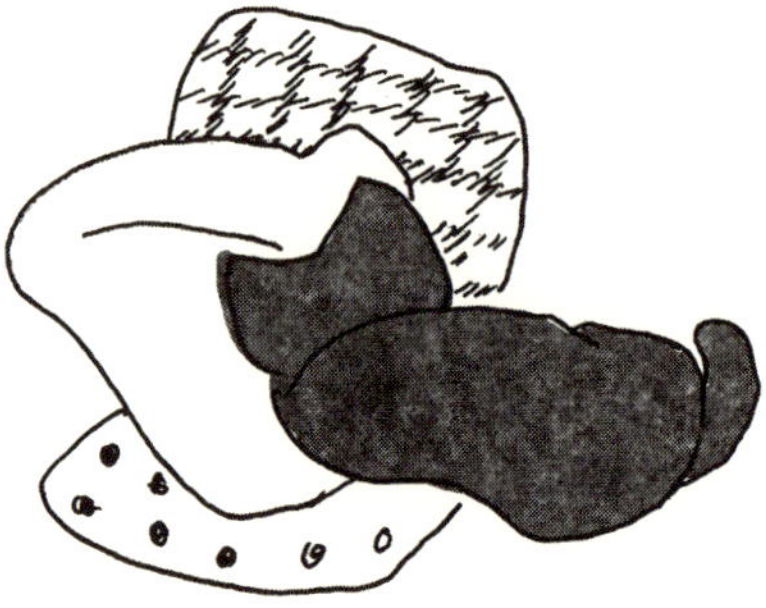

心に巣くう悲しみについて、ちゃんと話を聞いてくれる人ならば誰でもいいと思う。自分を責めないでと言うのは簡単だけれど、実際誰もが自責の念にかられて、多少なりとも追い込まれてしまう。でもきっと、一人ひとりができる限りを尽くしたのだ。もし尽くし足りなかったのだとしても、それがその命と自分との関係性のすべてだったのだと考えれば納得もいく。〝あのときああしていれば〟じゃなくて、〝私はあのとき自分にできることのすべてをした〟と、そう思えるようになれたら、理想的。

これはとあるお坊さんから聞いた話なので、仏教の教えに基づいていると思われるのだけれど、生き物は死ぬとすべての煩悩から解放されるのだという。あれをしたかった、これも食べたかったという欲望を、その魂はすでに持たない。だから、地上に残した飼い主が〝ああしてあげればよかった〟などと思い続けるのは、猫にしてみればちょっとしたお門違いなのかもしれない。

猫はどんな状況で旅立ったにせよ、たぶんきっと、いや、けっして飼い主を責めたり恨んだりはしない。飼い主がみずから病気になるほど猫の死を悲しむということは、それだけ愛情が深いということなのだしね。

猫はきっと、全部わかっている。

猫は空から、ちゃんと見ている。

おわりに
老猫よ、その愛しさよ！

先日、獣医さんに、タンゴの甲状腺ホルモン検査を勧められた。老齢期を迎えると、多くの猫に甲状腺機能亢進症の症状が出てくるそうだ。思い当たるふしは確かにあった。インターネットで調べてみれば、〝活動的〟〝痩せてきた〟〝鳴き声が大きい〟等々、甲状腺機能亢進症の症状のほとんどが、タンゴの様子に符合するのだ。事実、私の家にやってくる誰もが「タンゴが前よりアクティブになった」と言う。これは間違いない！

と、思いきや。検査結果に記された数字は、明らかに甲状腺機能低下症を表していた。亢進症とは逆だ。これはいったいどうしたことか。

「でも先生、タンゴの状態は亢進症のそれと同じなんです」

数字という揺るぎない事実に対して異議を唱える飼い主に、獣医さんも真摯に考えをめぐらせてくれる。ああでもない、こうでもないと口にしては、消去法で可能性を絞っていき、そして最後にこう言った。

「もしかして、タンゴちゃんは最近、耳が遠いのじゃない？」

その通りだった。家が揺さぶられるほどの激しい雷雨に見舞われても、今のタンゴは寝息を立ててスヤスヤと寝ている。かつては雷がゴロゴロいおうものなら、バビュンと跳んで逃げたのに。

「つまりね、タンゴちゃんは今、自由なんだよ」

え……まったく意味がわからないんですけど？

「余計なことに神経を使わずに済むようになったんでしょうね」

そう言われても、さっぱりわからない。が、じっくりと先生の説明を聞いて、私はまさしく目からウロコが落ちた気分になった。

タンゴには〝中心性網膜変性症〟という疾患があり、数年前から目がほとんど見えていない。そのため、聴覚が過敏になっていたことは容易に想像できる。小さな物音にも聞き耳を立て、四六時中、感覚を研ぎ澄ませていたに違いないと先生は言う。

その聴覚が、加齢とともにだんだん衰えてきた。余計な雑音が聞こえなくなって、タンゴの神経を煩わせるものが少なくなった。老齢期に入ると、どんな猫も五感が衰えて周りを気にしなくなるため、〝少しワガママになる〟傾向があることは本編に記した通りだが、タンゴの場合は聴覚に頼る部分が大きかっただけに、輪をかけて自分本位になってしまったということだろう。

鳴き声が大きいのは耳が遠くなったから。活動的なのは耳を澄まして身構えている必要がなくなったから。痩せてきたことには、単に食べる量が減ったり、吸収力が落ちてきたからという別の理由があった。

「先生、要するにタンゴは今、楽しいんですかね？」

「うん、すごく楽しいんだと思うな」

そうなると途端に、タンゴが部屋をねり歩きながら「あーおん、あーおん」と鳴いているのが、「ヤッホー！ヤッホー！」に聞こえてくるから不思議だ。

今を遡ること十六年。

銀座の晴海通りに面したビルの谷間、公園と呼ぶには忍びないほどに小さな緑地で、その猫の親子はひっそりと暮らしていた。近所の会社で働いていた知人が、何を思ったか私に連絡をよこした。かわいい子猫がいるよ。その誘いに軽い気持ちで乗ったのが、そもそものはじまりだ。

公園にいたのは、まだ二歳に満たないくらいの若い母猫と、生まれて間もない子猫が五匹。知人によれば、子猫たちにはすでに里親が決まったのだという。ただし、一匹を除いて。

その貰い手がつかなかった一匹は、きょうだいの中でひときわ小さく、弱々しく見えた。おまけに哀れなほどブサイクだった。でも、黒かった。私が子供の頃から憧れ続けた『黒ネコのタンゴ』（タンゴという名の黒猫の歌だと思っていた）を地で行く猫だった。その日は私の誕生日の前日で、なんとなく天からの贈り物であるような気もしたし、何より十一月のこと、この小さな猫がまもなく訪れる冬を越せるとは到底思えなかった。誰かが救いの手を差し伸べる必要があった。それも今すぐ。

このまま帰ったら、きっとバチが当たる！

いろんな理由を積み上げて、自分を納得させ、かくして私はその手のひらサイズの黒猫と地下鉄銀座線に乗った。猫の飼い方など何ひとつ知らず、ジャケットのポケットの中でミャアミャア鳴いている生き物がオスかメスかもわからないまま、されど勢い勇んで自宅へと連れ帰った。

あの日の私は、猫との生活がどんなものか想像すらしなかったし、ましてや猫が年をとるとどうなるかなんて露ほども考えなかった。ただ、拾ってきた以上は最期まで面倒を見ようと思った。けっして強く思ったわけではなく、そういうものだという認識があったので自身で確認した程度だったけれど、確かに心に誓った。

そして十六年後の今、老化という新たな問題を次々に投げかけながらも、タンゴの命の歩みは変わらず私の人生とともにある。こうして本まで書くことになろうとは、まさか思いもしなかったけれど、日々少しずつ老いていく様子を見せるタンゴに「せっかくだから本でも書きなよ」と言われているような気がしないでもなかった。あの日、寒空の下から救ったこと、覚えているのかな。これはもしや、十六年越しの恩返しなのかな。


今、黒猫のタンゴは白髪まじりだ。その姿かたちを除けば、猫らしいところなどほとんど見受けられなくなった。

でも、老猫には、老いたからこそのかわいさがある。

老猫は、猫を凌駕する。猫らしさを失う代わりに、まるで違う生き物になったかのようなおかしみを帯びて、飼い主に新鮮な喜びを与えてくれる。ひとつずつ何かができなくなっていく、その現実を目の当たりにすれば時に泣きたくなることもあるけれど、でもそのおぼつかない様子がたまらなく愛おしいのも事実なのだ。

何より、手をかける必要が増えると、必然的に触れ合っている時間が長くなる。一度膝に乗せれば、タンゴはいつまでもそこで寝ている。動かすのもかわいそうだからと、私は足が痺れるのをなんとかやり過ごしながら、そのままの状態でパソコンに向かうこともしばしば。老猫との暮らしはのんびりしているようでいて、その実、流れる時間はとても濃密だ。

そうやって、タンゴと私はこれからの日々をまた過ごしていくのだろう。どんなにヨボヨボでヨレヨレになっても、オシッコやウンチを垂れ流しても、殺人的な口臭を放っても、ダミ声で鳴き叫んでも、今までと同じように世界でいちばんかわいいと言ってあげるから、ずっとそばにいるから、安心して長生きしなさい。いつまで続くかは誰にもわからないけれど、きっと行き着くべきところまでちゃんと行けるだろう。

タンゴは一生懸命にニャン生のフィナーレに向かって自由を謳歌して、私はそのせつなかわいい姿に笑い、いちいち胸を打たれながら、最期の瞬間までずっと楽しく、一緒にね。

謝辞！

本書の執筆にあたり、以下のみなさまに取材のご協力をいただきました。
ありがとうございました。（順不同、敬称略）

ベルヴェット動物病院（院長・鈴木隆之）
東京都世田谷区上用賀3-14-21　TEL：03-3708-1990
URL：http://www.bellvet.jp

（株）ジャパンペットセレモニー（せたがやペット斎場）
東京都世田谷区上馬4-30-1　TEL：03-5779-4194
URL：http://www.j-pet.jp

山本直美　キャットシッターnear
（〝動物のためのホリスティックマッサージ〟インストラクター）
URL：http://catsitter-near.com

佐保田かおり（テリントンTタッチ認定プラクティショナー）
URL：http://www.flcrs.com
http://www.ttouch.jp（テリントンTタッチ日本事務局）

また、十歳以上の猫を飼っている（あるいは飼っていた）
以下のみなさまには、事前アンケートにご協力いただきました。
ありがとうございました。（順不同、敬称略）

山本祥子／三浦牧子／熊谷知香根／ベイリー深美／
石黒ミカコ／浅田美春／霜田 照／松浦靖恵／山本直美／
大塚日出樹／前田香織／安村正也・真澄／市井 希・晴也

最後に、忘れてはならないこのお二人。

タンゴと私の日常をちょっぴりせつない風味を利かせてユーモラスに描いてくださった、イラストレーターの霜田あゆ美さん（愛猫・花子さんとお父上にもご登場いただきました！）。そして、実に根気強く私の執筆を見守ってくださった幻冬舎の大野里枝子さんに心からの感謝を。

斉藤ユカ（さいとう・ゆか）

1970年、北海道生まれ。音楽ライター、原稿屋。10代の多感な時を80年代の音楽的混沌の中で過ごす。20歳で単身上京し、フリーの音楽ライターに。雑誌やウェブサイトを中心に、ミュージシャンをはじめとした人物インタビューや、ライブ評などを執筆。また、アーティストブックの取材・構成も多く手がける。最近は、猫ライターとしても活動中。

老《おい》猫《ねこ》と歩けば。

2015年9月15日　第1刷発行

著者　斉藤ユカ

発行者　見城 徹

発行所　株式会社 幻冬舎

〒151-0051 東京都渋谷区千駄ヶ谷4-9-7

電話 03-5411-6211(編集)

03-5411-6222(営業)

振替 00120-8-767643

印刷・製本所　株式会社 光邦

Printed in Japan

ISBN978-4-344-02820-3　C0095

幻冬舎ホームページアドレス http://www.gentosha.co.jp/
この本に関するご意見・ご感想をメールでお寄せいただく場合は、
comment@gentosha.co.jpまで。